Arbresha Beka

Wpływ gier matematycznych

Arbresha Beka

Wpływ gier matematycznych

w sprawie rozumienia liczby i numeracji

Wydawnictwo Bezkresy Wiedzy

Imprint
Any brand names and product names mentioned in this book are subject to trademark, brand or patent protection and are trademarks or registered trademarks of their respective holders. The use of brand names, product names, common names, trade names, product descriptions etc. even without a particular marking in this work is in no way to be construed to mean that such names may be regarded as unrestricted in respect of trademark and brand protection legislation and could thus be used by anyone.

Cover image: www.ingimage.com

This book is a translation from the original published under ISBN 978-620-2-30028-5.

Publisher:
Wydawnictwo Bezkresy Wiedzy
is a trademark of
Dodo Books Indian Ocean Ltd., member of the OmniScriptum S.R.L Publishing group
str. A.Russo 15, of. 61, Chisinau-2068, Republic of Moldova Europe
Printed at: see last page
ISBN: 978-620-0-54183-3

Arbresha Beka

Mistrz edukacji - Nauczanie i program nauczania, Prisztina, Kosowo

Wpływ gier matematycznych

Prisztina, 2017

Streszczenie:

Celem tych badań jest zbadanie wpływu gier matematycznych na rozumienie pojęć liczb i liczenia z dziećmi w wieku przedszkolnym. Badania te zostały przeprowadzone w szkole "Naim Frashëri", w której uczestniczyło 58 dzieci w czterech grupach i ich rodzice.

Najpierw przeprowadzono pretest, którego celem było zidentyfikowanie dzieci, które mają trudności i problemy z opanowaniem pojęć matematycznych, a następnie przeprowadzono plan działania w klasie.

Badania zostały zrealizowane w pierwszej kadencji w 2014 roku. W tym okresie wdrożono trzy plany działania dotyczące uczenia się liczby i koncepcji numeracji. Pierwszy plan działania został zrealizowany poprzez Gry *z narzędziami manipulacyjnymi*, drugi plan działania został wdrożony poprzez *Gry w przyrodzie,* a trzeci plan działania obejmował Gry *matematyczne i logiczne*.

Badanie obejmowało zbieranie danych poprzez listy obserwacyjne, kwestionariusze z rodzicami, arkusze robocze, testy przed planami, w trakcie i po zakończeniu planu działania. Następnie obserwowaliśmy dane i analizowaliśmy je metodami statystycznymi, tematycznymi, kodując informacje pozyskane z kwestionariuszy z rodzicami oraz z listy obserwacji.

Wyniki tych badań mogą być korzystną inicjatywą do zbadania wykorzystania gier matematycznych w uczeniu się pojęć z tego przedmiotu, ponieważ mają one bezpośredni wpływ na zwiększenie współpracy w klasie i na zwiększenie odpowiedzialności dzieci. Bawią się podczas nauki, nie wiedząc, że się uczą, rozwijają ciekawość, wyobraźnię, edukację estetyczną, w tym spontaniczność. Wszystko to sprawia, że są oni krytycznymi i kreatywnymi myślicielami, a także wpływa na skuteczność jakości na zajęciach z matematyki.

Spis treści

1. Wprowadzenie

Gra jest jednym z głównych czynników kojarzących dzieci w dzieciństwie. Od momentu narodzin zaczynają poznawać otaczający ich świat i realizować go poprzez konkretne działania, różne gry i interakcje, w których rzucają wyzwania i są kwestionowane, a także w których stają i rozwiązują problemy.

Powodem wyboru tego tematu jest to, że uważam, iż w naszych szkołach nie poświęca się wystarczająco dużo uwagi sposobowi uczenia się matematyki poprzez gry. Dzieci bawiąc się jednocześnie bawią się, uczą, rozwijają ciekawość, wyobraźnię, edukację estetyczną i spontaniczność. To wszystko czyni z nich krytycznych myślicieli.

Każde dziecko jest wyjątkowe w swojej osobowości, a każde z nich ma inne podejście do nauki i rozumienia. Jest to gra, która najbardziej jednoczy ich w szkole, sąsiedztwie, a nawet w domu w ogrodzie. Nauczyciel zamienia naukę w skuteczną grę poprzez zabawy, w których dzieci otrzymują różne pomysły, wiedzę, informacje i przygotowują się do uczenia się przez całe życie.

Uważam, że nauczyciele muszą opracować więcej gier (przeanalizuję niektóre z nich w trakcie pracy nad moją pracą dyplomową) tylko po to, by zaoferować dzieciom atrakcyjną i zabawną naukę.

Poprzez gry dzieci w wieku przedszkolnym mogą uczyć się przez całe życie, ponieważ gry zwiększają kreatywność, integrują je w każdej dziedzinie, rozwijają wysiłki komunikacyjne i możliwość wyrażania swoich uczuć wraz z krytycznym myśleniem, a w końcu sprawiają, że poznają siebie i świat wokół.

Każde dziecko inaczej rozumie pojęcia, ponieważ każde z nich jest wyjątkowym światem samym w sobie. Dzięki temu każdy z nich może poznać nieznane i trudne do zrozumienia zagadnienia oraz stworzyć w swoim umyśle możliwość rozwiązania problemu. Wychodząc od tego faktu, dzieci, których nauczyciel zwraca uwagę i wagę na różnorodność działań i przekształca naukę w skuteczną zabawę, zostałyby wzbogacone o konkretne pomysły, wiedzę i długoterminowe informacje.

Poprzez gry rozwijają w sobie kreatywność. Pomagają sobie w integracji nauki w różnych obszarach programu nauczania i umożliwiają poznanie pojęcia liczby i liczenia. Dostarczając im materiały manipulacyjne, zdobywają wiedzę i umiejętności w grach. Dzieci powinny mieć możliwość grania w proste gry z wykorzystaniem liczb, a także zbierania i odejmowania, zawsze z wykorzystaniem czegoś nowego i kreatywnego. W ten sposób, nieświadomie, są w bezpośrednim kontakcie z matematyką. Pomimo tego, że matematyka jest uważana za "trudny przedmiot", można ją łatwo studiować poprzez gry i zabawy.

Ze względu na powyższe przyczyny, wpływ gier matematycznych będzie badany w niniejszych badaniach w celu opracowania koncepcji liczby i liczenia na poziomie przedszkolnym dzieci.

1.1Problem ze sformułowaniem

Jako nauczycielka przedszkolna starałam się wyjaśnić, jakie są trudności w ciągłości w nauce pojęć matematycznych. Ja i moi koledzy, którzy pracują z dziećmi w wieku 5-6 lat, regularnie rozmawiamy o tym, jakie działania należy podjąć w ciągłości, aby mogły one łatwo postrzegać pojęcia matematyczne. Rozwój koncepcji ma ogromne znaczenie, ponieważ dzieci od najmłodszych lat zdobywają podstawową wiedzę i nadal wzbogacają się o nową wiedzę, która od czasu do czasu zaczyna być coraz trudniejsza. Głównymi pojęciami, z którymi dzieci w wieku przedszkolnym stykają się w matematyce, są: rozwój rozumienia *liczb i liczenia; rozumienie przestrzeni, podstawowych figur geometrycznych oraz pomiar wielkości, klasyfikacja, grupowanie i porównywanie* standardów rozwoju wczesnego dzieciństwa, 2011, s. 55).

Aby łatwo nauczyć się matematyki, należy uczyć się jej poprzez gry matematyczne. DeBord, 1999 twierdzi, że codzienne włączanie dzieci w używanie liczb pomaga im w nauce matematyki od samego początku.

Bawiąc się liczbami i licząc, oprócz rozrywki, dzieci osiągają także rozwój fizyczny, społeczny i intelektualny, a także normalny dobrobyt i zdrowie. W książce Psychologia edukacji Bardhyl Musai stwierdza, że "*koncepcja uczenia się poprzez zabawę obejmuje uznanie roli wyobraźni i emocji w rozwoju intelektualnym*" (Musai, 1999, s. 73).

Poprzez gry matematyczne dzieci rozumieją i uczą się różnych sposobów uczenia się. Bawiąc się, osiągają niezależność. Przede wszystkim stają się oni bardziej społeczni, bardziej zwinni i z łatwością stawiają czoła wyzwaniom. *"Gra umożliwia dzieciom niezależność, sukces i zabawę"* (Save the Children, 2007, s. 36)

Myślę, że nauka matematyki poprzez gry, swobodnie wpływa na ekspresję dzieci w poszanowaniu zasad gry, gdzie dzieci poznają rzeczywistość, stają twarzą w twarz z konkretnymi przedmiotami w środowisku, i poznają eksperymenty naukowe, ponieważ ich mózg wchłania wiele z nich, jak gąbka do moczenia. "Gra jest uważana za jeden z głównych instrumentów wspomagających rozwój dzieci. Gra jest życiem samym w sobie, pobudza dzieci do wzrostu i radości. W związku z tym należy zachęcać dzieci do zabawy, stymulować je i wspierać, ponieważ tylko wtedy ich wysiłki i wyniki są znaczące i mają duże znaczenie. "(Normy dotyczące rozwoju wczesnego dzieciństwa 0-6 lat, 2011,s. 9)

Znani naukowcy i badacze udowodnili, że dzięki zabawom matematycznym dzieci są w stanie uczyć się i rozwijać przede wszystkim zrównoważone koncepcje matematyczne.

Przez cały ten czas, wydaje się, że gry były częścią życia ludzi. Antropolodzy badali unikalne gry starożytnych ludzi, czas ich trwania, czas, miejsce i środowisko (Barta & Schaelling, 1998). Comber & Zeiderman & Kevin (1994, s. 35) w swoich badaniach piszą, że "*ważne jest, aby wykrywać zainteresowania we wczesnym dzieciństwie". Ze względu na ich interesy, dostosowanie działalności będzie łatwiejsze. Każde dziecko gdzieś się znajdzie".* Metodologia "Krok po kroku" (SBS) pokazuje, że "*proces uczenia się z małymi dziećmi jest nierozerwalnie związany z grami, wykorzystaniem konkretnych budynków i słownym wyrażaniem opinii*" (HPH 1999, s. 173).

Pierwszy plan działania został zrealizowany poprzez wykorzystanie gier z materiałami manipulacyjnymi. Praca indywidualna i w małych grupach w celu znalezienia łatwiejszych sposobów na poznanie pojęcia *liczby* i *liczenia;*

Drugi plan działania został wdrożony poprzez gry w przyrodzie i we współpracy w grupach. Grupy były mieszane, a dzieci z łatwością nauczyły się pojęcia liczby i liczenia.

Najnowszy plan został przeprowadzony poprzez matematyczne gry logiczne, w zapamiętywaniu liczb i liczeniu.

Przeglądając część literatury, znalazłem kilka opracowań silnie wspierających wykorzystanie gier w klasie jako integralnej części procesu nauczania. Jednym z celów jest to, aby nauczyciele podczas zajęć z matematyki używali gier i ich interakcji ze światem rzeczywistym, a co więcej, pojęcia matematyczne nie były wyjaśniane tylko jako liczby, ale jako część natury zarówno w rodzinach jak i w szkole.

1.2. Główna kwestia badań:

Matematyka jest rodzajem języka, który posiada własne, specjalne słownictwo. Uczniowie stają przed szeregiem nowych słów i wyrażeń, które przyjmują zasady rozumienia symboli matematycznych, wymagań (Sharma, 2001).

W tej grze chodzi o swobodę wypowiedzi każdego dziecka. Poniżej przedstawiamy kilka koncepcji gry:

Gra - 1. akcja w znaczeniu 1 i 2 czasownika PLAY. Grają w piłkę, chowają się i szukają. 2. Zestaw ruchów i innych działań wykonywanych przez graczy; Ładna gra (rozrywka, edukacja) zestaw ruchów i innych działań, które sprawiają, że dzieci się bawią; gry "sportowe"; rodzaj sposobów i środków wykorzystania ich do zabawy; sposób, w jaki grają, Elektroniczny Słownik Wyjaśniający (2002).

Gry logiczne są dla zabawy i mają charakter edukacyjny. Ich rola polega na rozwiązywaniu problemów poprzez logiczne myślenie. Słowo Logika - w Wyjaśniającym Słowniku Elektronicznym (2002) wyjaśnia siłę rozumowania, zdolność do osądzania tego, co jest słuszne; coś, co uznaje rozum lub jest zgodne z rozumem; rozum; sposoby osądzania kogoś.

Podczas gdy **gry na świeżym powietrzu** są grami, które umożliwiają dzieciom dotykanie i smakowanie rzeczy oraz zachęcają do interakcji z naturą. Koncepcja Natura w Wyjaśniającym Słowniku Elektronicznym (2002) wyjaśnia naszą Ziemię jako środowisko, w którym człowiek żyje razem z innymi istotami żywymi.
Dzieci poznają środowisko poprzez gry i zabawy, uczą się od swoich doświadczeń, stawiając czoła wyzwaniom.

Słowo **pojęcie** pochodzi od włoskiego słowa **concetto** i oznacza: główne znaczenie, główną wiedzę, opinię, punkt widzenia, perspektywę (Llanaj, Sh., 2014, s. 231).

Liczba reprezentuje elementarne pojęcie matematyki i służy do wyrażania ogólnej ilości oraz do rozliczania. Liczby używane w codziennym życiu wyrażają ilość, do identyfikowania i porównywania rzeczy, **do sumowania, odliczania** i wykonywania różnych czynności. Dzieci powinny być w stanie zrozumieć różne sposoby używania liczb (HPH, 1999). "*Liczby są zdefiniowane jako słowa lub symbole reprezentujące ilość lub ilość, ilość osób lub rzeczy" (Oxford, 2012, s. 1044)".*

Definicje kreatywności nie są jasne i wielu pisarzy wniosło swój wkład w debatę na temat tego, co stanowi kreatywność, często kwestionując różne poglądy. Większość teoretyków zgadza się jednak, że proces twórczy składa się z wielu elementów i najczęściej: a). wyobraźni; b). oryginalności (zdolność do wymyślania pomysłów i produktów, które są nowe i nietypowe); c). produktywności (zdolność do generowania różnych pomysłów poprzez różne opinie); d). rozwiązywania problemów (zastosowanie wiedzy i wyobraźni do danej sytuacji) oraz f). zdolności do tworzenia wyniku i cennych zabezpieczeń.

Słowo "**manipulator" definiuje** się jako zdolność do manipulowania różnymi narzędziami, "uporządkowania, starannego posprzątania lub ręcznego przeprowadzenia procesu, zazwyczaj w oparciu o konkretne żądania" (Słownik nowoczesnego języka albańskiego, 1981, s. 1056).

Aktywność oznacza pościg, działanie czegoś. Słowo to pochodzi również z języka francuskiego **activité** - co oznacza działanie, aktywność, ćwiczenie (Llanaj, Sh., 2014, s. 20). Działanie lub działania, żywe uczestnictwo w działaniu. Skok w aktywności (Słownik nowoczesnego języka albańskiego, 1981, s. 20).

2. PRZEGLĄD LITERATURY

2.1 Gry matematyczne w rozumieniu pojęć matematycznych, liczby i liczenia

"Jeśli nie potrafisz po prostu wyjaśnić matematyki, to jej nie zrozumiałeś"

Albert Einstein

O wybranym temacie badań rozmawiali różni profesorowie i psycholodzy.

Poczucie odpowiedzialności rozwija się poprzez gry. Ermioni pisze dalej: "Dzieląc role w grze, zwiększa się odpowiedzialność dzieci za wykonywanie swoich obowiązków i podnoszenie zdolności w procesie uczenia się" (Cekani, 2010, s. 17)
.

Wykorzystując materiały manipulacyjne, dzieci rozwijają się pod wieloma względami, autor Debord (1999) mówi, że dzieci we wczesnym wieku powinny otrzymywać materiały manipulacyjne w celu zdobycia wiedzy i umiejętności w grach.

Dzieci poprzez zabawę pokazują podniecenie, ciekawość i pożądanie wraz z zabawą. "Ważne jest, aby wykryć zainteresowania wczesnego dzieciństwa. Ze względu na ich interesy, dostosowanie działalności będzie łatwiejsze. Każdy gdzieś się znajdzie "(Comber & Zeiderman & Durgey, 1994, s. 87).

Ożywienie gry uatrakcyjnia i uatrakcyjnia proces pogłębiania wiedzy dzieci. "W pierwszych latach życia dzieci poznają rzeczy wokół siebie i badają matematyczne wymiary swojego świata. Porównują ilości, znajdują modele, żeglują w przestrzeni, napotykają na prawdziwe problemy, takie jak wyważanie dużego budynku lub nawet dzielenie się uczciwie miską ciasteczek z towarzyszem zabawy. Matematyka pomaga dzieciom zrozumieć ich świat poza szkołą i pomaga im zbudować solidne podstawy do osiągnięcia sukcesu w szkole "(NAEYC & NCTM, 2002).

Gra jest głównym czynnikiem wpływającym na socjalizację wśród dzieci. Ważną rolę w tym procesie odgrywa również nauczyciel. Nauczyciel ma proponować pomysły na współpracę w celu przygotowania różnych działań, będąc aktywnym uczestnikiem lekcji, podczas gdy on (nauczyciel) uczy (Education Children for Democracy, 2005).

Nauczyciele stoją przed wyzwaniem znalezienia sposobów na wykorzystanie gier do rozwoju i doskonalenia umiejętności w zakresie nauki pojęć matematycznych. To może być motywujące dla dzieci, ponieważ lubią one grać w gry. Van der Stoep & Louw (1981) opisują grę jako zabawną lub relaksującą akcję wykonaną zgodnie z zasadami.

W trakcie gry uczestnicy muszą przestrzegać zasad gry lub dojść do porozumienia w sprawie zmiany zasad gry. Artykuł napisany w RPA pod kątem zaangażowania dzieci w naukę gier matematycznych bada, że każdy gracz chce wygrać grę, a jednocześnie ma taką samą interpretację zasad jak przeciwnik. Jest to zgodne z rozwiązaniem problemu matematycznego, ponieważ przy jego rozwiązywaniu należy przestrzegać pewnych zasad. Każdy z graczy planuje działania i strategie na przyszłość, pamiętając o wszystkich zasadach. Nkopodi & Mosimege, (2009).

Każdy nauczyciel podczas swojej pracy w klasie powinien wykorzystać przynajmniej jedną grę w trakcie zaplanowanych zajęć w programie nauczania.

Dzieci uczą się rozwiązywać problemy nie tylko poprzez częste interakcje, ale również poprzez wspólne uczenie się. Wspólne uczenie się ma miejsce, gdy dzieci pracują w małych grupach i uczą się z ich interakcji. Badania wykazały, że dzieci w wieku przedszkolnym odnoszą większe sukcesy, gdy rozwiązują problemy oparte na konfliktach poznawczych. Ważne jest, aby dzieci współdziałały z różnymi metodami w procesie wspólnego uczenia się, zgodnie z podręcznikiem "Manual Training for Child Care NC" (1999):

- Zajęcia są planowane tak, aby dzieci miały wspólny cel;

- Wybieranie celów, które są motywujące i interesujące dla dzieci oraz

- Znalezienie sposobu, aby wyniki działań były widoczne i natychmiastowe dla dzieci.

The Math's Teacher Guide 'Handsbook, Portman, J. & Richardo wyjaśnia myśli Eklavyi (2007), które mówią, że używanie gier może uczynić lekcje matematyki przyjemniejszymi, bardziej ekscytującymi i interesującymi. Gry matematyczne dają uczniom możliwość aktywnego zaangażowania się w naukę. Gry pozwalają dzieciom doświadczyć sukcesu i satysfakcji, budując entuzjazm i pewność siebie. Ale gry matematyczne nie służą tylko zabawie i budowaniu zaufania. Gry pomagają dzieciom:

- zrozumieć pojęcia matematyczne,

- rozwijać umiejętności / umiejętności matematyczne,

- znać fakty matematyczne i

- nauczyć się języka i słownictwa matematycznego.

Dziecko uczy się bardziej pamiętnych i wartościowych rzeczy w czasie spędzonym w domu lub w placówkach edukacyjnych. Zapewniając prawidłowy rozwój preedukacji, Debord (1990) stwierdza, że zaangażowanie dzieci w codzienne posługiwanie się liczbami, pomaga im zdobyć wiedzę z zakresu matematyki na wczesnym etapie życia. Zawsze odwołując się do specjalisty ds. edukacji, Deborda (1990), pisze, że dzieci we wczesnym wieku powinny otrzymywać materiały manipulacyjne w celu zdobycia wiedzy i umiejętności w grach. Należy dać Ci możliwość gry w proste gry z liczbami, dodawanie i odejmowanie, działając w ten sposób, nieświadomie są w bezpośrednim kontakcie z matematyką.

Dzieci powinny być narażone na kontakt ze światem zewnętrznym i mieć odpowiednie możliwości komunikowania się i interakcji z ludźmi, którzy nie są częścią rodziny, zwłaszcza z przyjaciółmi i nauczycielami.

Jeśli gra opiera się na pomysłach dzieci, spędzają one wspaniały czas, rywalizują i każdy chce wyjść zwycięsko. Sungmin K. (2003) z Estimation Games and Proportional Reasoning argumentuje, że gry matematyczne wpływają na dzieci, pobudzając poczucie ciekawości i eksploracji.

W grze chodzi o swobodę wypowiedzi każdego dziecka. Ci, którzy grają, nie tylko mają wolną wolę, ale jako gracze akceptują zasady ustalone w drodze porozumienia. W przypadku, gdy przegrają grę, akceptują ją.

Gry matematyczne dotyczące pojęcia liczby i liczenia mają wpływ na socjalizację dzieci. Ale nauczyciel musi najpierw wiedzieć, że wszystkie dzieci zrozumiały instrukcje gry. National Center for Research on Assessment of children dochodzi do wniosku, że dzięki zabawom kooperacyjnym dzieci uczą się pojęć matematycznych znacznie więcej od siebie niż poprzez wyjaśnianie się nauczycieli (Rebecca E. Gregory K. Buschang Jinok W. K Chung Kim, 2011).

Wartość uczenia się przedszkolnych obszarów programowych poprzez zabawę sprawia, że integracja międzypolowa, w której łatwiej jest nauczyć się pojęć liczby i liczenia, staje się dla dzieci łatwiejsza. Będąc kreatywnymi, dzieci umożliwiają nawiązywanie kontaktów między jednym obszarem nauki a drugim i w ten sposób rozszerzają swoje rozumienie. Obszary te obejmują sztukę, muzykę, taniec, odgrywanie ról i wyobraźnię. (Sharp, C. 2004).

Nawet w naszych programach nauczania integracja ponadprogramowa poprzez zajęcia matematyczne zajmuje ważne miejsce w codziennym życiu dziecka.

"Działania matematyczne zapewniają zabawę i są z powodzeniem realizowane w połączeniu i integracji ze środowiskiem życia dziecka" Program nauczania przedszkolnego w Kosowie 3-6, 2006, s. 86.

Mając na uwadze kreatywność gier matematycznych, stajemy wobec dziecięcej rozrywki i niezapomnianych doświadczeń, edukacji moralnej, kształtowania nawyków pracy, inicjatywy i dyscypliny.

Russ opracował model wyjaśniający związek między kreatywnością a procesami psychologicznymi. Model ten sugeruje, że obecne są trzy następujące elementy:

1. **Cechy osobowościowe,** takie jak pewność siebie, ciekawość i motywacja;
2. **Procesy emocjonalne,** takie jak emocjonalne fantazje o grach, przyjemność rzucania wyzwania integracji na służbie i tolerancji dla lęku i;
3. **Umiejętności poznawcze,** takie jak myślenie rozbieżne, zdolność do "przekształcania" myślenia (na przykład zdolność do zmiany kolejności informacji lub zmiany "struktury" myślenia), wrażliwość na problemy, poszerzanie wiedzy i zdolność do osądzania, pisze (Russ, S. 2003).

Aby uczyć cyfr dzieci w wieku przedszkolnym, w naszym kraju istnieje dylemat, ile cyfr ma dziecko do nauczenia się, czy dziecko z klasy firts byłoby w stanie je uchwycić, czy nie przesadzamy z nauką, czy nie jest to obciążenie psychologiczne?

Ilekroć nauczyciele się gromadzą, wygłaszają różne opinie, na przykład, do jakiej liczby dzieci powinny się uczyć liczyć. Niektórzy z nich argumentują, że skupienie się na liczbach elementarnych, do 9 budując swoje pojęcie na przykład liczby 5, jest implikowane jako forma i liczba.

Ponad trzy dekady temu, Vithal (1992, s. 178-179) zauważył, że gry te są używane w nauczaniu i uczeniu się matematyki na przestrzeni lat, i że ten element został zwiększony w niedawnej przeszłości. Od czasu opublikowania oświadczenia Vithala opublikowano szereg raportów badawczych dotyczących gier i zastosowano je w klasach, Coombe & Davis, 1994; Mapapa, 1995; Ismael 1997; Mosimege, 1997, 1998, 1999). Niektóre z gier matematycznych przeznaczonych dla dzieci w wieku przedszkolnym wpływają na rozwój nauki języków obcych i słownictwa matematycznego, podnoszą logicznie umiejętności matematyczne, a także rozwijają strategie rozwiązywania problemów. Gra jest również generatorem działań matematycznych na różnych poziomach i przyczynia się do stymulowania prac badawczych w dziedzinie matematyki, Nkopodi i Mosimege, (2009).

Udokumentowano badania nad wykorzystaniem gier w rozwiązywaniu problemów (Krulik, 1977; Williford, 1992), sugerując istotny związek między grami a rozwiązywaniem problemów, co jest jednym z centralnych aspektów w nauce matematyki. Wykorzystanie gier prowadzi również do odkrycia modeli (HARLOSA, 1995), podejmowania decyzji (Buckhiester, 1994), obejmujących logiczne rozumowanie, wnioski i wszechstronność (Brumfiel, 1981).

Gry zapewniają zabawę i relaksujące środowisko, w którym dzieci mogą myśleć o zależności między liczbami. Gry na podwórkach i w ogrodach zapewniają dzieciom doświadczenie i pomogą im porównywać liczby, liczyć, zbierać i odejmować, a także oferują nieformalne doświadczenie z ideami statystyki i prawdopodobieństwa, napisała Marilyn Burns on Education Division of Associates (2007).

Nauka pojęć matematycznych i ich znaczenia znacznie wzrasta i ma duże znaczenie w przygotowaniu dzieci do odniesienia sukcesu w przyszłości i przygotowania do życia. Duncan i in. (2007) stwierdzili, że opanowanie matematyki we wczesnym wieku będzie najlepszym prognostykiem dla kolejnych osiągnięć w tym zakresie. The New Joint State Standards on Mathematics (CCSSM), 2012) podaje liczbę klasyfikacji, pomiarów, budowania relacji przestrzennych niezbędnych do realizacji programu przedszkolnego.

W tym artykule odnajdujemy skupione koncepcje uczenia się numer i liczenie w zakresie znajomości pojęć 1-1, sekwencjonowanie liczb, płynność i elastyczność - to jedne z najważniejszych umiejętności we wczesnym dzieciństwie (Clements i Sharma 2004; Clements i in. 2008;). Ginsburg i Baroody 2003; Lee i inni 2007). Przez (Duncan i in. 2007) trzy umiejętności matematyczne, znajomość liczb, liczenia i rozumowania ilościowego wykazały, że w kolejnych sukcesach akademickich średnia wielkość wpływu wynosi 0,34%. Płynność i elastyczność są ze sobą ściśle związane. Dzieci "płynnie" posługują się liczbami całkowitymi, kiedy potrafią rozwiązywać rzeczywiste problemy, odpowiadać na zadawane pytania oraz szybko i sprawnie tworzyć modele (Baroody & Dowker 2003 & Griffin 2003, 2004).

Dzieci w wieku przedszkolnym powinny wykorzystywać swoje pomysły matematyczne do rozwiązywania problemów praktycznych, do myślenia matematycznego, ponieważ matematyka jest wszędzie w środowisku, które nas otacza, gdzie się bawimy, gdzie jemy i idziemy na spacer.

Psycholog Piaget ostrzegał przed "rodzicami, którzy uczą swoje dzieci liczyć do 20, zanim opracują pojęcie liczb", mówiąc, że zapamiętywanie liczb nie poprawi zdolności dziecka do liczenia (Carlson, D . 1995).

Monitorowanie gry dziecięcej pomoże praktykom ocenić zrozumienie przez dzieci rozwoju matematyki i znaleźć sposoby wspierania tego rozwoju. Zainteresowania dzieci są potężnym katalizatorem badań matematycznych i będą stanowić silny punkt wyjścia do wspierania i rozszerzania ich myślenia matematycznego. Możliwości rozwiązywania problemów, rozumowania, krytycznego myślenia i refleksji są niezbędne, jeśli dzieci mają osiągnąć maksymalne zrozumienie podstawowych rzeczy z matematyki (Departament ds. Dzieci, Szkół i Rodzin, 2009).

Burns (2007, s. 51), w swojej publikacji pisze, że jeśli chcemy, aby uczniowie zrozumieli problem i stali się jego rozwiązującymi, należy przestrzegać pewnych zasad:

- Na początku powinni mieć interes w rozwiązywaniu różnych problemów matematycznych;
- Bądź gotów zaryzykować;
- Gotowość do wytrwałości, gdy rozwiązania matematyczne nie są natychmiastowe;
- Zrozumienie różnicy, gdy odpowiedź nie jest znana, a ty jej nie znalazłeś;
- W obliczu porażki i zdolności do zaakceptowania jej.

Jeśli chodzi o trwałość wiedzy, korzystanie z różnorodnych działań, wszystkie one umożliwiają krytyczny rozwój dzieci. Według NCTM (2000) podniesiono problem wykorzystania różnorodnych działań w procesie uczenia się. Miller (2002) sugeruje, rozmowy z dziećmi do notowania w notatniku, bo tworzy duży stół, który pomoże im mieć stabilną opinię. Zdaniem Millera, tabele te sprawiają, że nasza opinia jest trwała i widoczna, a także pozwalają nam nawiązywać kontakty z jednej klasy do drugiej, wyjaśniać punkty nauki w oparciu o wcześniej wyciągnięte wnioski i po prostu *"uczyć się przypisanych lekcji"*.

Ich zdaniem, korzystanie z zajęć matematycznych wpływa na rozwój krytycznego myślenia u dzieci, wpływając na to, że dzieci stają się częścią rozwiązywania problemów matematycznych i mogą wykorzystywać swoją wiedzę w różnych sytuacjach.

Odnosząc się do ram programowych kształcenia przeduczelnianego Republiki Kosowa (2011), przewiduje się aktywny udział studentów w wyborze i planowaniu doświadczeń edukacyjnych, świadomość znaczenia pewnych doświadczeń oraz zdolność do matematycznej oceny i samooceny własnych wyników w nauce. Podczas opracowywania koncepcji matematycznych konieczne jest spełnienie niektórych z kompetencji przewidzianych w ramach programu nauczania.

Nawet podczas naszych doświadczeń jako nauczycieli dzieci w wieku przedszkolnym zauważyliśmy, jak wiele dzieci uczy się poprzez zabawę, zdobywają długoterminową wiedzę, która przygotowuje je do życia. To sprawi, że pokochają matematykę, będą szczęśliwi, będą kojarzeni z innymi i będą dzielić się swoimi doświadczeniami z innymi.

2.2. Rola nauczyciela i rodziny w rozwoju pojęć matematycznych, liczby i liczenia

Nauczanie jako złożony proces wymaga wielkiego zaangażowania i woli, a także władzy. Każdy nauczyciel, który wybrał swój zawód z pasją, zwraca uwagę na sposób, w jaki pracuje.

Nauczyciele powinni stosować metody i strategie, aby dzieci mogły się uczyć, nie zdając sobie sprawy, że się uczą. Nauka musi przebiegać płynnie poprzez samodzielne wykonywanie czynności, badanie otoczenia zewnętrznego, rozwijanie myślenia przestrzennego, a następnie przeplatanie się liczenia na podstawie wieku, zdolności do rozwoju, a następnie zajmowanie się geometrią, pomiarami, modelowaniem, rozumowaniem itp.

Dzieci muszą najpierw zrozumieć, że życie to matematyka, a jeśli nie jest właściwie studiowane, to tak jakby nie wiedziały, że można cieszyć się życiem i korzyściami z niego płynącymi. Chociaż nie wszyscy kochają matematykę, myślę, że jesteśmy właściwymi ludźmi do myślenia o tym, jak wpłynąć na nasze dzieci, by je pokochały.

Małe dzieci "robią" matematykę spontanicznie w życiu i poprzez gry. *"Urzeczywistniając matematykę, dzieci w wieku przedszkolnym muszą się jej nauczyć w kontekście życia codziennego, w szkole, domu i społeczności. Matematyka nie istnieje tylko na papierze czy tekturze; dzieci w wieku przedszkolnym najlepiej uczą się matematyki poprzez projekty i zajęcia oraz przypominając sobie, jak nauka matematyki staje się częścią ich codziennego życia" (Stanberry, K. 2010).*

Każdy nauczyciel powinien zadać sobie te pytania, powinien wiedzieć do jakiego stopnia rozwinęła się umiejętność myślenia, w jaki sposób każde dziecko się uczy i jak wiele z nich ma krytyczne myślenie. Dzieci w wieku przedszkolnym "uczą się przez działanie", stawiają czoła liczbom i liczą na co dzień, etykietują kształty, liczą liczby lub przedmioty, identyfikują i oceniają po wyglądzie, porównują różnice i opisują to, co widzą. Uczą się nowych pojęć i wzbogacają słownictwo.

Podczas zabawy uczą się liczenia, mierzenia, rozumienia, słów takich jak: wewnątrz - na zewnątrz, na dole - w górę, pieniędzy - z powrotem - pod spodem itp. nie zmniejszają podniecenia dzieci. Mamy moralny obowiązek ofiarowania im wiedzy, ponieważ w końcu to my otrzymujemy pozytywne lub negatywne uznanie dla naszej pracy.

Ważne jest, aby nauczyciele dyskutowali i dzielili się z rodzicami wiedzą na temat zainteresowań dzieci i ich zabaw, zarówno w domu, jak i w miejscu, w którym znajdowały się one we wczesnym dzieciństwie. Ten oparty na współpracy dialog może jedynie wzbogacić zrozumienie i zapewnić przegląd harmonijnego rozwoju wiedzy matematycznej i sukcesu dzieci. (EYFS, 2009).

Monitorowanie gry dzieci pomoże nauczycielom ocenić ich zrozumienie rozwoju matematycznego i we współpracy z rodzicami znaleźć sposoby wspierania tego rozwoju. *"Zainteresowania dzieci są potężnymi katalizatorami badań matematycznych i stanowią silny punkt wstępnego wsparcia i rozszerzenia ich myślenia matematycznego". Możliwości rozwiązywania problemów, rozumowania, krytycznego myślenia i refleksji są niezbędne, jeśli dzieci osiągają maksymalne zrozumienie podstawowej matematyki" (PSRN, 2009, s. 7).*

Zgodnie z Programem dedykowanym dzieciom i rodzinom "Krok po kroku", ważną rolą nauczycieli jest ukierunkowanie dyskusji na matematyce, na przykład zadawanie pytań, na które jest więcej niż jedna odpowiedź; dawanie dzieciom wystarczająco dużo czasu na działanie, a mianowicie na wolniejsze myślenie; pomaganie im być dobrym przekaźnikiem ich pomysłów matematycznych i zachęcanie do poznawania i wyjaśniania ich myśli. Wszystkie dzieci korzystają z tej sprawy, gdy słyszą wzajemnie swoje rozwiązania (HPH, 1999).

Ponieważ gry mają kluczowe znaczenie dla pokonania trudności, agresji i dominacji, pozwalają nam zrozumieć, czy są wykorzystywane twórcze działania i właściwy sposób zabawy, nigdy nie przegapilibyśmy wzajemnej współpracy dzieci.

"Dzieci przekształcają zjawiska w swoim świecie, w swoim realnym świecie w sposób wyjątkowy dla ich kruchych umysłów i temperamentów". Proces uczenia się jest nierozerwalnie związany z grą i aktywnością, z wykorzystaniem konkretnych przedmiotów i wypowiedzi ustnej "(HPH, 1999. s. 173).

Dzieci muszą odczuwać pozytywne wsparcie wyrażane i oferowane przez rodziców i nauczycieli oraz klasę, jeśli ten czynnik jest obecny, będą w stanie łatwo wyobrazić sobie wszystko, co pochodzi od rodzica i nauczyciela, pamiętać o tym, czego chcą się nauczyć. Przygotowane przez rodziców działania wpływają na podniesienie samooceny ich dzieci. Deva, autorka słusznie pyta: *"Funkcjonować w trójkącie pedagogicznym i mieć dobry interaktywny nauczyciel - relacja uczeń i na odwrót"* (Deva, A. 2009, s. 26). Jak to się mówi, współcześni badacze oświaty, czyli dzisiejsi nauczyciele, powinni integrować klasę jako *"małą grupę społeczną w miniaturze"* (Musai, 1999) stwierdza, aby przygotować dzieci do radzenia sobie z przedmiotami, które są studiowane z istoty, ponieważ praca uczniów w tak zwanej "grupie", pomaga im albo w rozwoju kształcenia ogólnego, albo w traktowaniu tematów podawanych przez nauczyciela i pomaga im w rozmowie z rodzicami na tematy, które są przydzielane w szkole, czyniąc je zintegrowanymi i zaawansowanymi w środowisku rodzinnym. W ten sposób dzieciom udaje się opracować interaktywną metodę nauczania. Uczą się pytać o każdy wyjaśniony w szkole temat, zdobywać informacje i wymieniać je z grupą klasową.

Matematyka jest uważana za jeden z najważniejszych przedmiotów nauczanych w szkole, we współczesnym społeczeństwie, ale w zasadzie jej nauka może być trudna. Wkrótce może stać się "czymś abstrakcyjnym", trudnym z bezsensownymi zadaniami dla wielu dzieci, w konsekwencji tego wszystkiego pojawia się, odłączyć się od kontaktu zewnętrznego. Na całym świecie naukowcy przeprowadzili szeroko zakrojone badania, dlaczego wielu uczniów nie zdaje większości testów z matematyki i co jest powodem, dla którego wielu uczniów i studentów robi negatywne wrażenie w tej sprawie?! Kwestia ta była dyskutowana w wielu krajach, a jednym z badaczy tego problemu był Alan J. Bishop (1997, s. 3). *W swoich badaniach Związek pomiędzy edukacją matematyczną a kulturą i klarownością* wyraźnie *porusza* problem, który zawsze jest częścią codziennego życia każdego nauczyciela i ucznia. W trakcie badań doszedł do wniosku, że "strach" dzieci przed nauką matematyki pochodzi od ich rodziców, którzy podczas nauki mieli trudności z opanowaniem pojęć matematycznych i jako tacy przekazują to uczucie nawet swoim dzieciom. Im wcześniej nauczysz się matematyki tym lepiej, ale musi być ona nauczana prawidłowo. Dlatego, oprócz wpływu ważnej roli nauczycieli w nauczaniu dzieci pojęć matematycznych, obowiązkiem rodziców jest zachęcanie ich dzieci do pokonywania trudności w nauce matematyki.

Filozofia programu "Krok po kroku" silnie wspiera współpracę między nauczycielami i rodzicami, w celu lepszej integracji tych dwóch czynników, aby dzieci otrzymywały pozytywne oceny. Filozofia programu ma na celu spotkanie kilku istotnych i ważnych punktów, aby stworzyć strumień współpracy między nimi, a następnie tych, którzy skorzystają z tej sytuacji - to tylko dzieci.

Nauczyciele powinni pomagać rodzicom zrozumieć, że dzieci muszą rozwijać swoje umiejętności społeczne, ćwiczyć zabawę z innymi dziećmi i ich rodzicami. Rodzice powinni doradzać i edukować swoje dzieci, aby zachowywały pozytywne nastawienie, a nie rywalizację, dobrze się bawiły i cieszyły się grą, rozwijając pozytywne nastawienie do siebie i innych dzieci w klasie.

Rodzice ujawnili różne wzorce zachowań podczas gier i kontekstów matematycznych. Pokazują one różne związki między zachowaniami i strategiami, ponieważ jest to kluczowy czynnik kontekstu, odzwierciedlający ich wrażliwość na wymagania poznawcze dzieci wynikające z ich różnych zadań (David F. & J. Hubertz & Reubens C. 2004).

Kiedy współpraca między rodzicami i nauczycielem jest na odpowiednim poziomie, wtedy sukces dzieci jest nieuniknony. Rodzice będą musieli być aktywnymi uczestnikami w rozwoju swoich dzieci, co pomoże nauczycielowi we właściwej pracy, aby uzyskać zachętę do pracy.

Dzieci dorastają z wyzwaniem i odwagą, a my jako nauczyciele musimy zachęcać do pozytywnych zachowań poprzez zwiększanie ich pewności siebie i niezależności.

Dzieci muszą zgłębiać różne materiały poprzez dowolną darmową grę, uczestniczyć w zajęciach prowadzonych przez nauczycieli, a także pracować i samodzielnie współpracować z lekcjami prowadzonymi w dużych lub małych grupach albo indywidualnie nad koncepcją, strategią lub specjalnym nawykiem (HPH. 1999, s. 254).

Rodzice powinni inicjować, a nauczyciele zapraszać ich, którzy przejmują inicjatywę na zajęciach z matematyki, rozwijają lub wyjaśniają odpowiednie dla nich pojęcia.

"Muszą proponować pomysły na współpracę, przygotowywać różne działania, być aktywnymi uczestnikami w klasie w czasie prowadzenia wykładów przez nauczyciela". (Children Education for Democracy, 2005, s. 15).

Zostały opublikowane badania różnych znanych nauczycieli i pedagogów z różnych krajów na temat skuteczności wykorzystania działań z zakresu gier w rozwoju pojęć matematycznych. Magazyn zauważył, że bardzo ważną rolę w rozwoju i rozumieniu pojęć odgrywa rodzina, która musi współpracować ze szkołą i nauczycielami.

Rodzice, którzy są aktywnymi uczestnikami zajęć w klasie, podczas lekcji matematyki i dobrej współpracy z nauczycielami, efekty wychowania i edukacji swoich dzieci są stałe. Korzyści ze współpracy są następujące:

- Łatwiejsze i długofalowe rozwijanie koncepcji matematycznych;
- Pozytywne zachowanie przy rozwiązywaniu problemu matematycznego;
- Skuteczne programy dzięki zabawie i kreatywności oraz
- Ogólna skuteczna edukacja dzieci.

Dobra współpraca między rodzicami, nauczycielem i dzieckiem sprawia, że dziecko pielęgnuje miłość do szkoły i matematyki.

3.METODYKA BADAWCZA

Do tego badania wykorzystano metodologię badawczą w działaniu. Badania w działaniu to termin, który odnosi się do praktycznych sposobów pracy badawczej nauczycieli i doskonalenia jej, jak definiujesz "Badania w działaniu to poszukiwanie pytań zadawanych w naszej podświadomości" (Mcniff & Whitehead, 2010, s. 73). Seal (2010, s. 7) uważa, że badania nad działaniami w inny sposób są zdefiniowane jako "badania poprzez działanie".

Badanie jest ważne, ponieważ dzięki niemu może być obecny problem, a następnie można go rozwiązać. Ma to wpływ na rozwój społeczeństwa ludzkiego. Dzięki mocy poznawczej przyczynilibyśmy się do powstania całego bytu i rzeczywistości (Shamiq, 2009, s. 25).

Badania w działaniu odnoszą się do szerokiego zakresu i są użytecznym sposobem myślenia i ogólną strategią, która wpływa na rozwój zawodowy nauczycieli jako: ocena, monitorowanie i samoocena.

Badania w działaniu pomagają nam żyć i czuć się lepiej, dając powód i rozsądne kroki do podjęcia w życiu (Mcniff & Whitehead, 2010).

Stinger (2004, s. 1) definiuje badania akcji jako "owocną aleję badań dla nauczycieli".

O znaczeniu gier w rozwoju pojęć matematycznych, liczby i liczenia, dokonano przeglądu odpowiedniej literatury, a następnie przeprowadzono ankietę z rodzicami moich uczniów, następnie wykonano test przed planem działania, a następnie wdrożono plany działania. Na zakończenie badań podsumowano test pracy obejmujący wszystkie działania, które miały miejsce podczas realizacji planów działania. Powodem, dla którego wybrałem ten właśnie temat, poruszany poprzez badania nad działaniami, było to, że badania nad działaniami, uważane za jedno z najbardziej udanych wdrożeń strategii poprawy jakości nauczania w klasie.

3.1 Cele i kwestie badawcze

Celem moich badań w działaniu jest określenie odpowiednich metod nauczania i uczenia się, które obejmują integrację różnych gier, aby pomóc dzieciom łatwo zrozumieć pojęcia matematyczne, a w szczególności te dotyczące liczby i liczenia.

Główna kwestia badań:

- *Jaki wpływ mają gry matematyczne na doskonalenie koncepcji nauczania, liczby i liczenia u dzieci w wieku przedszkolnym?*

PYTANIA DODATKOWE:

- *Jak duży wpływ mają gry z materiałami manipulacyjnymi na rozwój pojęć matematycznych?*
- *Jaki wpływ mają gry w przyrodzie i kreatywność w uczeniu się pojęć matematycznych?*
- *Czy gry logiczne pomagają zwiększyć pewność siebie dzieci w zakresie wyjaśniania pojęć matematycznych?*

Badanie to przyczynia się do znalezienia najbardziej odpowiednich gier rozwijających ważne pojęcia matematyczne dla dzieci w wieku przedszkolnym; do oceny wpływu gier na uczenie się liczby i liczenia pojęć matematycznych; do oceny znaczenia ich wdrażania poprzez kreatywność i poprawę wyników nauczycieli w szkołach.

3.2 Próba i populacja

Badania przeprowadzono z czterema grupami dzieci, w wieku 5-6 lat, w szkole:

"Naim Frashëri" w Prisztinie, gdzie pracuję jako nauczyciel. Szkoła "Naim Frashëri" ma łącznie 950 uczniów i 57 nauczycieli. Badanie zostało przeprowadzone w okresie zimowym tego roku. Uczestnicy byli następujący: 58 dzieci, w tym 30 dziewczynek i 28 chłopców wraz z rodzicami. W tym okresie współpracowałem z moim kolegą: Xhevahire, Basarta i nauczycielka Diana, która pracuje w prywatnym ogrodzie **"Genius".**

Poszczególni nauczyciele byli przyjaciółmi krytyków, którzy wraz ze swoimi krytykami i sugestiami przyczynili się w trakcie całego procesu do zwiększenia zasadności i wiarygodności mojej pracy. (Mcniff & Whitehead 2010).

4. BADANIE PLANISTYCZNE

W badaniach tych wykorzystano badania w działaniu jako metodologię pracy. Początkowo ubiegano się o zgodę dyrektora szkoły i rodziców dzieci na prowadzenie badań w klasie.

Badania te były początkowo wyzwaniem, ponieważ napotkaliśmy trudności w znalezieniu autorów literatury w naszym kraju. Jednak przeglądając liczne książki i badania zagranicznych naukowców dostarczyliśmy niezbędne materiały na ten temat. Początkowo podstawowym krokiem było przeglądanie zbioru niezbędnej literatury, a następnie realizacja planów działania. Przeprowadzono ankietę wśród 29 rodziców dzieci z mojej klasy, aby dowiedzieć się, do jakiego stopnia rodzice zaangażowali się w domu, aby pomóc swoim dzieciom w nauce matematyki poprzez gry oraz aby uzyskać jasny obraz tego, jak bardzo rodzice chcą, aby ich dzieci uczyły się poprzez gry. Kilka sugestii z ankiety pomogło mi dowiedzieć się o moich badaniach w działaniu.

Kwestionariusz dedykowany rodzicom składał się z 4 pytań typu zamkniętego i 1 pytania typu otwartego. Ponadto przeprowadziliśmy 1 (pierwszą) ocenę testową, która miała na celu określenie poziomu trudności w zrozumieniu matematycznych pojęć liczby i liczenia u dzieci przedszkolnych w naszej szkole. Test miał również funkcję diagnozy koncepcji sustainabe, opisu liczb na różne i unikalne sposoby. Wreszcie, dzieci musiały znaleźć zgodność liczby z różnymi pozycjami.

Po ukończeniu testu i analizie stworzyliśmy jaśniejszy obraz pojęć matematycznych i poziomu zrozumienia w klasie. Test został uznany za udany, ponieważ dzieci dobrze zareagowały i na podstawie jego wyników zaplanowałam fazy planów działania.

Pierwszy plan działania - koncepcja uczenia się poprzez gry, liczbę i liczenie za pomocą materiałów manipulacyjnych. Celem tego planu było opracowanie koncepcji liczby i liczenia, dopasowanie jednej do drugiej i stworzenie różnych figur poprzez manipulację materiałami. Celem było rozwiązywanie problemów, komunikacja, uzasadnianie powiązań i ocena.

Drugi plan działania - koncepcja uczenia się poprzez liczbę i liczenie w terenie. Celem tego planu było, aby dzieci poznały pojęcie liczby i liczenia podczas zabawy, zabawy twórczej poza zamkniętymi obietnicami, edukacji estetycznej, socjalizacji dzieci i nauki przestrzegania zasad.

Trzeci plan działania - koncepcja uczenia się poprzez gry, liczenie i zapamiętywanie liczb oraz liczenie, rozwiązywanie problemów matematycznych poprzez różne przykłady gier. Celem tego planu było, aby dzieci rozwijały logiczne myślenie, wyobraźnię, stawiały czoła wyzwaniom, oceniały i samooceniały.

4.1 Analiza danych przed rozpoczęciem realizacji planu działania

Podczas zbierania danych wykorzystano różne jakościowo techniki badawcze

(aktywny nadzór, kwestionariusze dla rodziców, wyrywkowe wywiady z dziećmi) oraz testy przeprowadzone przed i po planach działania.

Poniżej znajdują się szczegóły dotyczące kwestionariuszy z rodzicami przed planem działania, które zostały przeanalizowane metodami ilościowymi i jakościowymi.

4.2 Analiza danych z testów wstępnych przed rozpoczęciem planów działania

Analizę wstępną przeprowadzono z udziałem 58 uczniów poprzez testy

Rys. nr 1. Wprowadzenie do numeru 2 jako grafiki i ilości

RYS. 1 Zadaniem dzieci było połączenie punktów w postaci liczb, odróżnienie znanych liczb od nieznanych i nawiązanie połączenia z obiektami, które definiują daną liczbę. A my otrzymaliśmy informację zwrotną. Wyniki były zadowalające, przy czym 45 lub 77,59% dzieci potwierdziło ich poprawność, a 13% było niepoprawnych lub 22:41%.

4.3 Analiza kwestionariuszy z rodzicami

Na początku rodzice omówili realizację celu badań i zostali poproszeni o wyrażenie opinii na temat tego, jak ich dzieci uczą się pojęć matematycznych poprzez gry i zabawy.

Rodzice zgodzili się z proponowaną koncepcją i wyrazili gotowość do współpracy.

Kwestionariusz dla rodziców zawierał 4 pytania typu zamkniętego i 1 typu otwartego.

Zebrane dane są szyfrowane. Odpowiedzi 29 rodziców pojawiłyby się w poniższych tabelach.

Celem zadania pierwszego pytania w tej ankiecie było uzyskanie odpowiedzi rodziców przedszkolaków na temat aktywności ich dzieci w domu. Podane odpowiedzi zostały przeanalizowane poprzez przeprowadzenie porównania, a ostateczny wynik został zwiększony na poziomie klasy.

Pierwsze pytanie kwestionariusza: *Czy Twoje dziecko lubi liczyć łyżki, widelce i naczynia podczas układania na stole?*

Odpowiedź na pierwsze pytanie była następująca: 22 lub 75. 86% rodziców odpowiedziało, że ich dzieci lubią liczyć łyżki, widelce i naczynia podczas posiłku; natomiast 7 lub 24,13% dzieci nie lubi liczyć tych rzeczy.

Drugie pytanie kwestionariusza: *Czy grasz w jakąś grę z liczeniem liczb, które określa mniej więcej masę?*

Odsetek, jaki otrzymaliśmy w odniesieniu do drugiego pytania, był taki sam jak w przypadku odpowiedzi na pierwsze pytanie pod względem procentowym. 22 lub 75,86% rodziców odpowiedziało, że grają w gry z liczbami i liczeniem. To jest coś, co decyduje o rozszerzeniu bardzo niewielu; podczas gdy 7 lub 24,13% to nie są takie gry. Na tej podstawie zdaliśmy sobie sprawę, że dzieci mają taki sam interes w liczeniu i nie ma różnicy w tym, co liczą.

Trzecie pytanie kwestionariusza: *Czy twoje dziecko liczy składniki, jak przepis na gotowanie, ile łyżek mąki, ile kubków mleka, itp.*

Zmniejszyła się wydajność, co uświadamia nam, że są rodzice, którzy nie chcą, aby ich dzieci angażowały się w gotowanie. Pozytywna odpowiedź brzmiała: 17 lub 58,62% dzieci liczy się podczas gotowania, a 12 lub 41,38% nie liczy się, ponieważ nie zajmują się gotowaniem.

Czwarte pytanie kwestionariusza: *Czy dziecko liczy schody podczas wchodzenia i schodzenia?*

Do stołu nie. 4. ponownie mamy wzrost produkcji, z pozytywną reakcją rodziców, to było 24 lub 82,76%, podczas gdy negatywne zgrywanie było 5% lub 17:24, co uświadamia nam, że dzieci lubią liczyć schody podczas wchodzenia i schodzenia.

Na ostatnie otwarte pytanie, czy jest jakaś ulubiona gra Twojego dziecka, która ma związek z liczbami i liczeniem, były różne odpowiedzi. Matka (1) pisze, że jej dziecko liczy i klasyfikuje zwierzęta z innych zabawek - obcych, lalek czy zabawek dramatycznych. Ojciec pisze, że bawi się w chowanego z córką, a jego córka liczy do 10, a potem wstecz. Pewna matka (2) mówi, że jej syn bawi się kijami (zabawkami), przewraca je, a potem liczy, a w końcu chłopiec opowiada najpierw te przewrócone, a potem te, które pozostały.

Podsumowanie analizy kwestionariuszy dla rodziców przed planem działania

Po analizie przedtestowej i pytaniach rodziców zauważono, że matematyka jest lubiana przez dzieci, a zwłaszcza liczenie przez gry.

Opracowany przez nas pre-test, polegający na zebraniu punktów liczbowych pod koniec lekcji, otrzymaliśmy informację zwrotną i okazało się, że 77,59% dzieci było poprawnych, a 22:41% niepoprawnych, co pozwala nam na znalezienie możliwości i sposobów na zwiększenie wyniku.

Rodzice wykazywali dużą chęć i zaangażowanie w pracę z dziećmi w zakresie właściwego rozumienia pojęcia liczby i liczenia.

Pomagając naszym uczniom w nauce pojęć matematycznych, w szczególności liczb i liczenia, jest to dobra okazja, aby przekonać się, jaki wpływ miałoby to międzyprzedmiotowe powiązanie, a my w międzyczasie odpowiemy na Państwa kluczowe pytanie:

Jaki wpływ mają gry matematyczne na doskonalenie koncepcji nauczania, a mianowicie na liczbę i liczenie u dzieci w wieku przedszkolnym?

kilka dodatkowych pytań:

- *Jak duży wpływ mają materiały manipulacyjne na rozwój koncepcji matematycznych?*
- *Jaki jest wpływ gier w terenie i kreatywności w nauce pojęć matematycznych?*
- *Czy gry logiczne pomagają w zwiększeniu pewności dzieci w zakresie wyjaśniania pojęć matematycznych?*

W oparciu o nasze codzienne życie, za każdym razem, gdy dzieci są zmuszone do podjęcia nauki, nie jesteśmy zadowoleni z ich wyników. Ale, mamo, prosimy ich o grę, sukces, i życzenie bycia rozrywkowym zwyciężyło. Opierając się na pragnieniach dzieci do zabawy, doszliśmy do wniosku, że należy opanować matematyczne pojęcia drętwienia i liczenia poprzez zabawę. Naszą rolą jest sprawić, by pokochali matematykę i radośnie uczęszczali do szkoły. Poprzez realizację planów działania staramy się odpowiadać nawet na wyszukiwane pytania.

4.4 Pierwszy plan działania

Nauczenie się pojęć liczby i liczenia za pomocą materiałów manipulacyjnych w grach

W pierwszej akcji użyliśmy "magicznego pudełka" z liczbami, kształtów geometrycznych, papieru w kształcie serca, wydrukowanego z liczbami i przeprowadziliśmy ocenę zwrotną.

Kontrola i ocena pracy dzieci pokazuje nam osiągnięcia dzieci i sukcesy nauczycieli. Informacje zwrotne pomagają nam w stwierdzeniu braków po obu stronach.

Poniżej przedstawimy niektóre z prac z dziećmi i ich wyniki

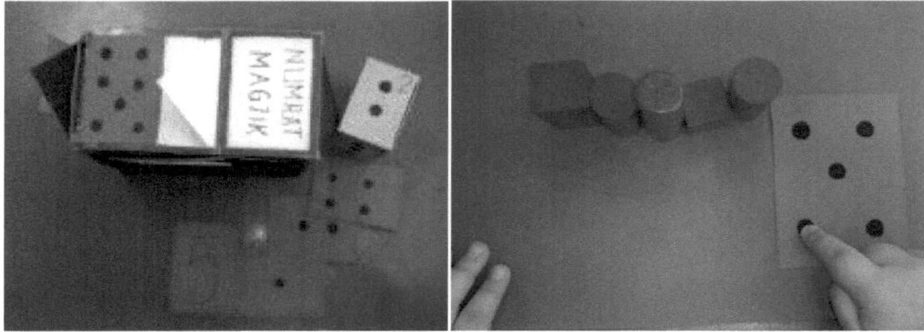

Rys. nr 2. Magiczne liczby Rys . nr 3. Liczenie i zgodność

Na rys. 2 i 3 przedstawiono liczne pojęcia matematyczne. Obowiązkiem dzieci było zachowanie zgodności, obrazek w kolorze punktowym (z poznanymi do tego czasu liczbami). Instrukcje były takie, że każde dziecko otrzymuje pewną ilość "magicznego pudełka", a następnie postępuje zgodnie z instrukcjami. Podczas tego wydarzenia dzieci miały za zadanie wybrać pożądane figurki, zabawki (miękkie i twarde), klocki, długopisy, piłki lub cokolwiek, co według nich będzie do nich pasowało. Dzieci pracowały indywidualnie. Wynik zaskoczył nas, 52 lub 89,66% było prawidłowe, a 6% lub 10,34,% błędne.

Podczas gdy z rys. 4 było podobne zadanie, ale miały one dopasowanie do liczby koralików. Dzieciom zaproponowano pudełko z koralikami, a na podstawie liczby koralików, które miały obowiązek założyć na każdą komórkę z koralikami w kształcie serca. Na podstawie informacji zwrotnych i działań monitorujących pod rys. 4 i 5 otrzymaliśmy następujące wyniki: 58 dzieci, 53 lub 91,38% miało rację, 5 lub 8,62% było nieprawidłowych.

Rys. nr 4. Liczba koralików

Rys . nr 5. Liczenie liści

Rysunek. 5, obowiązkiem dzieci było liczenie liści, klasyfikowanie ich na podstawie koloru, następnie każde z nich brało liść i naklejało go na swoje indiańskie kapelusze. Każde dziecko pokazywało palcami swój wiek w oparciu o liście, które przykleiło do kapelusza. Celem tego wydarzenia było pokazanie, ile mieli lat. Liczenie liści są zgodne z ich lat, i rozwinęła się rozmowa o kolorach kapeluszy i liści, a następnie liczyli liście siebie i odpowiedział o wieku każdego z nich, to zostało zrobione na podstawie liści mieli na kapelusze. Podczas zajęć dzieci pracowały w małych grupach, rozmawiając, prosząc, stawiając sobie nawzajem wyzwania i ucząc się w każdym wieku.

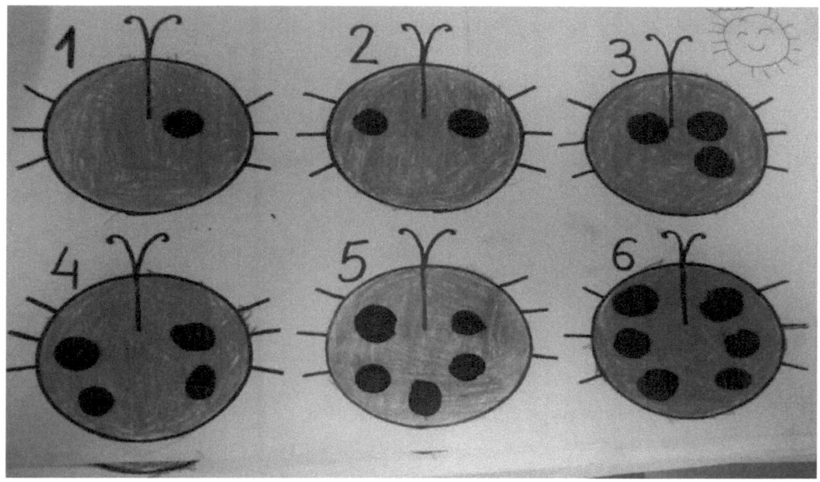

Rys. nr 6. Kropki biedronki pasujące do liczb

Ta postać. Nr 6, dzieci zostały obciążone utworzeniem plastelinowych kropli określonych na podstawie liczby biedronek. Na podstawie wyników otrzymujemy następujące dane: 48 lub 82,76% dzieci było dokładnych, a 10 lub 17,24% nieprawidłowych. Na podstawie błędnych odpowiedzi, popełniono błędy z numerem 6. To znaczy, trzeba było jeszcze powtórzyć i ćwiczyć ten numer.

Na podstawie pierwszego planu nauczyliśmy się, że podczas gier matematycznych z materiałami manipulacyjnymi dzieci łatwo rozumieją matematyczne pojęcia liczby i liczenia, ponieważ dzieci uczą się poprzez wykonywanie czynności, które wpływają na badanie przedmiotów. Poprzez gry z manipulacyjnymi materiałami mogliby oni dotykać i poruszać elementami, nabywając nowe umiejętności i zdolności. Więc zostali zachęceni do rozmowy o tym, co zrobili. Nauczyli się poprzez doświadczenie, stąd mieli konkretne materiały edukacyjne, takie jak papiery rysunkowe, obrazy, koraliki, pałeczki, plastelina, liście itp. Przy takiej okazji mieli okazję stworzyć coś nowego z manipulacyjnych materiałów.

Wysoki wynik osiągnięty w nauczaniu dzieci pojęć liczby i liczenia za pomocą materiałów manipulacyjnych udowodnił, że zastosowanie różnorodnych konkretnych materiałów na lekcjach matematyki znalazło zastosowanie w naszym pytaniu badawczym: *Jak bardzo gry z manipulacyjnym materiałem wpływają na rozwój pojęć matematycznych?*

4.5 Drugi plan działania

Pojęcie liczby i liczenia poprzez gry terenowe

W drugim planie działania opracowaliśmy różne gry na szkolnym podwórku. Coraz bardziej byliśmy przekonani o wpływie gier na świeżym powietrzu i kreatywności w uczeniu się pojęć matematycznych, a zwłaszcza liczby i liczenia. Najbardziej udane były gry w małych grupach i w parach.

Dzięki poniższym rysunkom zobaczyliśmy niektóre z gier, które zostały opracowane w celu nauki liczb i liczenia.

Rys. 7. Gra - skok po numerze

Rys. nr 7 przedstawia grę rozgrywaną w parach. Dziecko rzuca kostkę, a inne dziecko skacze na punkty kubiczne. Podczas skakania dziecko liczy się głośno, a gdy zatrzymuje się i otwiera papier, mówi głośno ukryty w nim numer. Była to gra najbardziej lubiana przez dzieci, dlatego też rezultat osiągnięć był wysoki. Skoki rozwijają duże mięśnie, rywalizacja rozwija ducha wyzwania. Podczas otwierania papierów, rozwijają małe mięśnie. Z drugiej strony, dzieci rozwijają słownictwo matematyczne, mówiąc, które są duże liczby, a które małe. Tymczasem rozwijają w sobie ciekawość i krytyczne myślenie oraz gotowość do wzajemnej pomocy. Ta gra przyniosła następujące rezultaty: 56 lub 96,55% było prawidłowe, a 2 lub 3,45% nieprawidłowe. Nieprecyzyjność tych dwojga dzieci polegała na odejmowaniu liczb, np. problem stanowiła liczba 8 zamiast 4 na sześcianie. Dziecko musiało skakać licząc, gdy zawracało. Była to najbardziej udana gra w odejmowanie liczb, (usunięcie tej liczby - ta liczba pozostaje).

Poniższy rysunek przedstawia grę w rozbijanie się butelek

Rys. nr 8. Zderzenie butelek

Rys. nr 8, przedstawia liczby od 0 do 10. A na każdej butelce znajdowała się dysza i napisany na niej numer. Dysze były wkładane do nich przez dzieci, które je liczyły. Pukali butelkami z balonem wypełnionym wodą. Dzieci zostały podzielone na dwie grupy z każdej klasy. Niektóre balony eksplodowały, ale potem zostały uderzone kulami śnieżnymi. Celem gry było policzenie, ile dzieci spadło z butelek, a ile pozostało niespadłych. A kiedy weszliśmy do klasy, sklasyfikowaliśmy zarówno butelki, jak i dysze na podstawie koloru, a następnie przeliczyliśmy je ponownie. To była najbardziej ulubiona gra dzieci, a także najlepszy wynik. Wszystkie dzieci miały rację, wiedząc, ile butelek padło, a ile nie.

Wynik ten jest również odpowiedzią na nasze drugie pytanie: *Jaki wpływ mają gry na świeżym powietrzu i kreatywność w uczeniu się pojęć matematycznych?*

W pełni zgodziliśmy się, że dzieci w wieku przedszkolnym uczą się poprzez swoje doświadczenia, zabawę i zabawę, rozwiązując problemy poprzez radzenie sobie z nimi.

4.6 Trzeci plan działania

Uczenie się pojęcia liczby i liczenia poprzez matematyczne gry logiczne

Skupiliśmy się na trzecim planie działania w celu zbierania i odejmowania liczb; na kompatybilności; w zapamiętywaniu liczb i liczeniu, rozwiązywaniu problemów matematycznych poprzez różne przykłady gier. Powodem zorganizowania trzeciego planu działania opartego na tych koncepcjach była wielogodzinna obserwacja i identyfikacja dzieci, które miały trudności z liczbami, zbieraniem i odejmowaniem liczb. Dzieci pracowały indywidualnie i w grupach, zgodnie z wykorzystywanymi zajęciami.

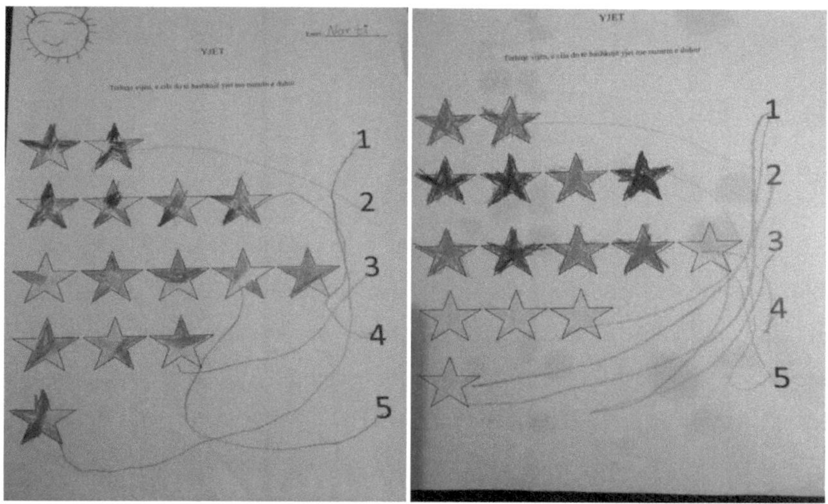

Rys. 9. Właściwe połączenie gwiazd z liczbami Rys. 10. Złe połączenie gwiazd z liczbą

Zadaniem dzieci było łączenie liczb z gwiazdami stałymi. Dzieci początkowo malowały gwiazdy zgodnie z ich życzeniem, a następnie kontynuowały łączenie gwiazd z liczbami. Praca została wykonana indywidualnie, a my uzyskaliśmy następujące wyniki: 52 lub 89,66% było dokładne, a 10:34 lub 6% błędne. Pod koniec lekcji przeanalizowaliśmy testy i omówiliśmy je z dziećmi, które nie wykonały pracy poprawnie. 2 z dzieci nie rozumiało instrukcji, 2 z nich spieszyło się, a 2 nie wiedziało jak ro połączyć wszystkie liczby z gwiazdami.

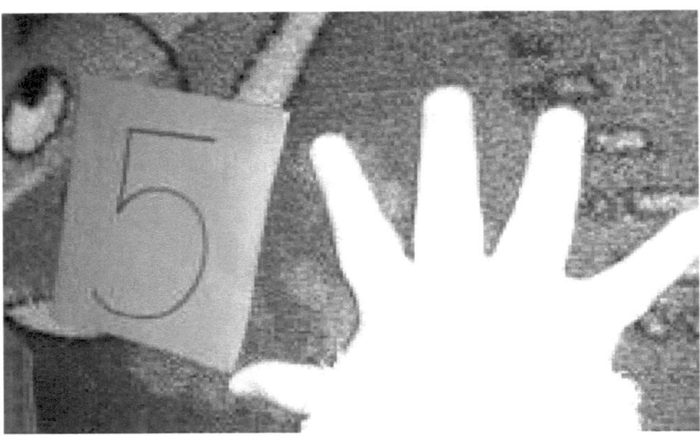

Rys. 11. Gra logiczna "Jak bardzo"

Rys. 11. Przedstawia grę z prezentami. Dzieci proszono, aby zamknęły oczy i wyobraziły sobie, że dziadkowie dają im po 3 cukierki (a potem dają po 4 i 5, i tak dalej), następnie każde dziecko musiało położyć przed sobą 3 palce, następnie otworzyć oczy i zobaczyć, ile palców jest przed nimi. Następnie musieli wziąć numer przed tamy na podstawie liczby palców. To było wyzwanie dla wielu dzieci, kiedy graliśmy w tę grę po raz pierwszy. Było 50% błędnych odpowiedzi. To dlatego, że znali liczby oparte na palcach, ale nie z zamkniętymi oczami. Ale później zwiększyli oni liczbę pozytywnych replik, odpowiednio z prawidłowymi odpowiedziami. Po raz piąty wszystkie odpowiedzi były skorelowane.

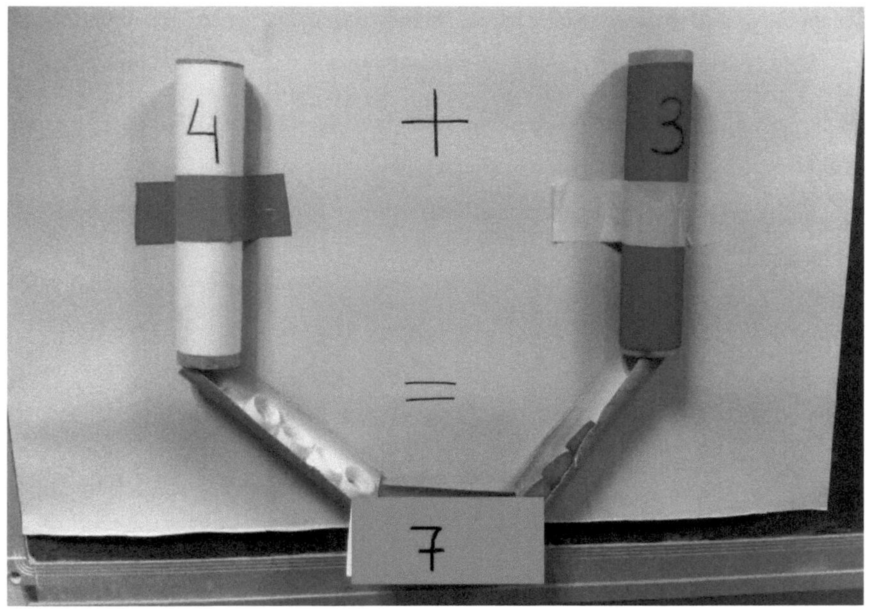

Rys. nr 12. Logiczna gra - zbieranie liczb

Prezentowany jest zbiór numerów 3 i 4 do formularza numer 7. Dzieci zakładają czapki na rurkę nr. 4, na podstawie numeru i koloru i to samo dzieje się z numerem 3. Następnie zbierali zebrane pokrywy z tub i wkładali je do zielonego pudełka, gdzie zdobyły numer 7. W tym samym czasie odejmowali liczby, usuwając zakrętki, a następnie liczyli te, które pozostały. Zabawa była bardzo kreatywna, a dzieci były zachwycone. Po tym wydarzeniu, wynik był: 54 lub 93,10% były prawidłowe, a 4 lub 6,90% nieprawidłowe. Byliśmy zadowoleni z wyniku i rozrywki dla dzieci.

Ten plan pomógł nam odpowiedzieć na trzecie dodatkowe pytanie dotyczące badań:

- *Czy gry logiczne pomagają zwiększyć wiarę w siebie dzieci w zakresie wyjaśniania pojęć?*

Działania te pozytywnie wpłynęły na rozwój logiczny dzieci, ich wyobraźnię, stawianie czoła wyzwaniom, porównywanie, pewność siebie, ocenę i samoocenę.

Po ukończeniu trzech planów działania zdecydowaliśmy się na kreatywną grę, aby zrobić test zdawkowy - podsumowanie do nauki pojęcia liczby i liczenia. Była to gra, która zawierała wiele pojęć matematycznych, jak pokazano na poniższym rysunku:

Rys. nr 13. Gra liczbowa i licznikowa z pakietami papierowymi

Zadaniem powierzonym dzieciom w tej grze było wypełnienie opakowań elementami, które były blisko siebie (rys. nr 13). Zgodnie z narysowanym formularzem nad liczbami do wypełnienia tym samym elementem, a następnie uporządkowanie ich. Trudność tej gry polegała na tym, że opakowania spadały, a następnie trzeba było ponownie przeliczyć nadzienia (orzechy, fasola lub kukurydza).

Ta gra wzbudziła ciekawość dzieci, powtórzono wiele pojęć z zakresu słownictwa matematycznego, a wyniki, które otrzymaliśmy, były przekonujące, że jest to najlepszy sposób, w jaki dzieci chwytają wiedzę, aby być konkurencyjnym w wiedzy ze wszystkimi swoimi rówieśnikami na całym świecie.

4.7 Wspólne działanie w ramach trzech etapów planu działania

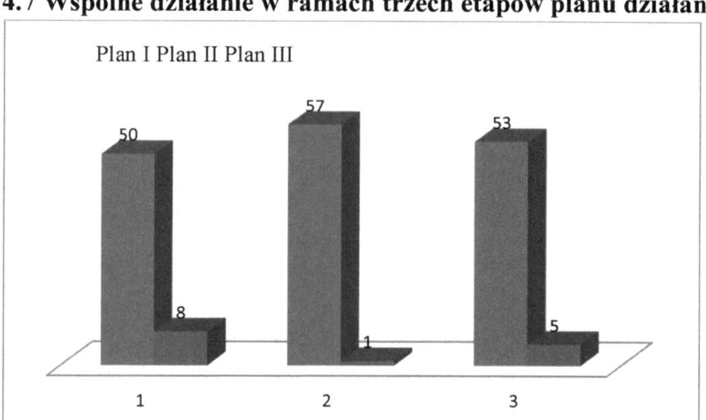

Stolik. 1. Wyniki dzieci w ramach trzech planów działania

Za pomocą tego stołu można zobaczyć najlepsze rezultaty trzech planów działania w naszych klasach. W pierwszym planie działania pojawił się przeciętny materiał pochodzący z gier manipulacyjnych pokazujący, że 8 dzieci nie było dokładnych podczas naszych obserwacji, a 50 było poprawnych. Drugim planem był ten, który zaowocował sukcesem - poprzez gry terenowe. W rzeczywistości, na 58 dzieci tylko jedno z nich nie miało odpowiednich wyników. Natomiast w przypadku trzeciego planu średnie wyniki są następujące: Z 53 dzieci tylko 5 było niepoprawnych.

Najwyraźniej najbardziej udane gry pomagające opanować koncepcje, liczbę i liczenie wynikały z gier terenowych. Badania te, oprócz pomocy naszym dzieciom w zajęciach, pomogły również nauczycielom w planowaniu działań na rzecz rozwoju zawodowego poprzez promocję różnych gier. Wszystko to pomogło naszym dzieciom w nauce pojęć liczby i liczenia poprzez różne gry matematyczne.

5. DYSKUSJA

Celem tych badań w działaniu były działania polegające na wykorzystaniu gier matematycznych. Identyfikacja odpowiednich metod nauczania i uczenia się obejmuje integrację różnych gier, aby pomóc dzieciom łatwiej zrozumieć pojęcia matematyczne, w szczególności te dotyczące liczby i liczenia, a jednocześnie dobrze się bawić.

Podczas badań korzystali z gier, które nigdy nie były używane w klasie, licznych strategii wdrażania gier i wykorzystywali różne formy pracy, tylko po to, by promować współpracę między dziećmi.

Badania dotyczyły ogólnie trzech planów działania. Pierwszy plan działania zawiera koncepcję uczenia się poprzez *gry, liczbę i liczenie za pomocą materiałów manipulacyjnych. Zastosowanymi* działaniami tego planu były: *numery z materiałami manipulacyjnymi; liczenie liści i biedronek dopasowujących punkty z numerami*. Te gry doprowadziły do nabycia pojęć matematycznych i relacji liczby i liczenia, rozwiązywania problemów, komunikacji, uzasadnić zastawy wśród dzieci i uczynić rozsądnym w ocenie. Korzystanie z gier matematycznych z materiałem manipulacyjnym przekonało nas do przekonania, że jest to łatwy sposób uczenia się dzieci od najmłodszych lat, jeśli materiał manipulacyjny zostanie im dostarczony. Wszystko to sprawi, że zdobędą oni wiedzę i staną się zwinni podczas gry. Wyniki naszych badań są takie same jak wyniki badań specjalisty ds. edukacji dzieci w wieku przedszkolnym, DeBorda, w 1999 roku. Włączenie dzieci w codzienne czynności poprzez te materiały pomaga im zdobyć solidną wiedzę z zakresu matematyki.

Na zakończenie pierwszego planu badawczego stwierdzamy, że dzieci uczą się pojęć matematycznych będących w bezpośrednim kontakcie z nimi, w tym przypadku pracy z plasteliną, z kształtami geometrycznymi, listkami, koralikami itp. Pomaga to dzieciom rozwijać ich pokrewieństwo, stawać się bardziej zwinnymi i budować wiarę w to, że mogą poradzić sobie w dziedzinie, w której nie mają żadnych skłonności.

Drugi plan działania miał na celu nabywanie pojęć matematycznych poprzez gry w przyrodzie. W drugim planie zostały wybrane gry, *skakać i rozbijać ilość butelek.* Wybrane działania pomogły dzieciom w przyswajaniu pojęć matematycznych tom operuje liczbami. Nawet dzieci, które miały trudności z matematyką, okazały się bardzo zdolne w tych zabawach i z łatwością nauczyły się zbierać i odejmować liczby, pojęcie większego-mniejszego, przestrzegały zasad, rozwijały słownictwo matematyczne, ciekawość, krytyczne opinie i twórcze myślenie, współpracę i rozrywkę. Nasze wyniki opierają się na standardach rozwoju i uczenia się, *"gra jest uważana za jeden z głównych instrumentów wspierania rozwoju dzieci. Gry to życie dziecka, jego rozwój i radość, dlatego też dzieci powinny być zachęcane do zabawy, kierowane, stymulowane i wspierane, ponieważ takie gry mają swoje własne znaczenie i wagę"* (Standardy rozwoju wczesnego dzieciństwa, 2011). Gry na świeżym powietrzu zapewniają relaksujące środowisko, w którym dzieci mogą myśleć o związku między liczbami, dają dzieciom doświadczenie pozwalające na porównywanie liczb i liczenie, zbieranie i odejmowanie, a także oferują nieformalne doświadczenie z ideami statystyki i prawdopodobieństwa (Burns, 2007).

Pod koniec studiowania planu doszedłem do wniosku, że gry na świeżym powietrzu pozytywnie wpływają na przyswajanie pojęć matematycznych, a ich stosowanie wpływa na łatwiejsze przyswajanie pojęć, wyraźnie podczas zabawy i wspólnej pracy, a przede wszystkim gry tworzą matematycznego ducha dzieci w pracy.

Trzeci plan działania miał na celu przeanalizowanie znaczenia dzieci dla koncepcji gier logicznych poprzez liczbę i liczenie. Odbywające się działania to: *łączenie gwiazd z liczbami;* Gry logiczne, *takie jak* i nawet *zbiór liczb.* Gry te, oprócz nauki pojęć matematycznych, pomogły stworzyć ducha współpracy w klasie, podział ról i obowiązków, refleksję, ilustrację, połączenie i szczegółowy opis tematu. Dzięki temu można było w grupach wymieniać informacje i nawiązywać prawdziwe relacje z kolegami z klasy. Zilustrowano i przeanalizowano pracę każdego dziecka w zakresie rozwijania logicznego myślenia, wyobraźni, radzenia sobie z wyzwaniami, oceny i samooceny. Wyniki badań trzeciego etapu obrabiają wyniki badaczy: Nkopodi & Mosimege, (2009), która przyczyniła się do wykorzystania gier logicznych w matematyce u dzieci w wieku przedszkolnym, wpływając na rozwój nauki języków obcych i słownictwa matematycznego, umiejętności w zakresie matematyki logicznej oraz opracowania strategii rozwiązywania problemów.

Wyniki testów przeprowadzonych po akcji z grami: Liczenie *i liczenie za pomocą pakietów literowych,* pokazuje, że korzystanie z gier matematycznych poprawiło zdolności dzieci, promowanie poczucia własnej wartości, kreatywności i zwiększonej współpracy w klasie.

5.1. PODSUMOWANIE

Badania te miały na celu podkreślenie znaczenia stosowania koncepcji rozwoju gier matematycznych, liczby i liczenia u dzieci w wieku przedszkolnym.

Wszystkie plany działania doprowadziły do realizacji celu badań. Dzieci tuż po zakończeniu każdego planu działania wykazały, że gry matematyczne mają duży wpływ na matematykę, począwszy od zwiększonej pewności siebie dzieci, przynosząc wiele przyjemności z nauki pojęć matematycznych.

Współpraca z rodzicami i dziećmi była satysfakcjonująca i w oparciu o otrzymane informacje mogliśmy wspólnie nauczyć się wielu rzeczy podczas tej podróży. Badanie sugeruje wszystkim rodzicom, by stale byli integralną częścią procesu uczenia się, nauczyciele podejmują inicjatywę, by zastosować przynajmniej grę w klasie matematyki, a koncepcje zintegrować z codziennym życiem dzieci, by łatwo i wyraźnie je opanować. Dzieci powinny czuć się włączone w grę i pośrednio mieć kontakt z zasadami, których muszą się nauczyć.

Przedstawione wyniki i wnioski mogą być korzystną inicjatywą do zbadania wykorzystania gier matematycznych w uczeniu się pojęć z tego przedmiotu, ponieważ mają one bezpośredni wpływ na zwiększenie współpracy w klasie, na zwiększenie odpowiedzialności dzieci, gdzie zarówno bawią się, jak i uczą bez wiedzy, rozwijają ciekawość, wyobraźnię, edukację estetyczną i spontaniczność. Wszystko to czyni z nich myślicieli krytycznych, a także wpływa na skuteczność jakości w lekcjach matematyki. Tylko analizując wyniki uzyskane zarówno od lokalnych, jak i międzynarodowych badaczy, a także dostosowując oddzielnie ich pracę do naszych warunków w każdej szkole, możemy osiągnąć korzystne wyniki z korzyścią dla naszych dzieci, aby mogły one w przyszłości być zdolne do konkurowania.

5.2. ZALECENIA

Na zakończenie tych badań mamy kilka zaleceń, które pomogłyby nauczycielom w ich zajęciach z matematyki:

- Zastosuj jak najwięcej gier w trakcie opracowywania koncepcji matematycznych, aby włączyć wszystkie dzieci do aktywności;
- Nauczyciele badają spójnie gry matematyczne dla rozwoju pojęć matematycznych, lub wykorzystują te, które wykorzystaliśmy w badaniach;
- Współpracować ze współpracownikami i specjalistami, członkami rodziny itp., którzy będą mogli polecić lub przedstawić pomysły na to, jak i jakie działania są istotne dla danej klasy matematyki, a także wymieniać się pomysłami i pozytywnymi doświadczeniami między sobą;
- Promowanie wartości demokratycznych w klasie, zachęcanie każdego dziecka do wyrażenia swojej opinii, aby zyskało pewność siebie i poczucie własnej wartości;
- Gry przystosowują się do wyjaśniania koncepcji i przez odniesienie do ich wieku;
- Stworzyć pozytywną atmosferę w klasie, aranżując otoczenie w duchu matematycznym;
- Motywowanie dzieci do korzystania z wyobraźni w matematyce poprzez gry i zabawy w celu rozwiązywania problemów matematycznych;
- Nauczyciele rzucają dzieciom wyzwania w postaci indywidualnych zabaw, w parach i grupach;
- Nauczyć dzieci widzieć i opisywać swój własny świat;
- Zachęcajcie dzieci do zadawania jak najwięcej pytań dotyczących pojęcia liczby i liczenia;
- Wyzwanie dla dzieci z ich krytycznym myśleniem, kreatywną i wspólną pracą na zajęciach z matematyki.

- Aby umożliwić dzieciom wzajemną współpracę, współpracę z kolegami z klasy;

Badania sugerują, że nauczyciele używają różnych gier matematycznych przy wyjaśnianiu pojęć matematycznych. Realizacja gier matematycznych: *Gry z materiałami manipulacyjnymi, gry terenowe i logiczne.* Wszystkie one zachęcają dzieci do łatwego zrozumienia pojęć, tworzenia nowych, które można długo zapamiętywać, zwiększają pewność siebie i długoterminowe korzyści z informacji.

REFERENCJE

- Andrea C. R., & David F. B. & Martha J. H. (2004), Florida Atlantic development While playing games. Uniwersytet, Boca Raton, USA RTI International Center for Research in Education: Research Triangle Park

- Baroody & Dowker & Griffin (2003, 2004). Early Childhood Educ J (2013) Brendefur, J; Strother. S; Thiede, K; Lane, C; Surges-Prokop, M; 23 sierpnia 2012 r., Professional Development Program to Improve Math Skills Among Preschool Children in Head Start, DOI 10.1007/s10643-012.

- Barta, J. & Schaelling, D. (1998). Gry, w które gramy: Łączenie matematyki i kultury w klasie, Nauczanie dzieci matematyka, 4 (7), 388-393

- Biskup, A. (1997). Dzieci myślące matematycznie, 2009, PSRN niezbędna wiedza dla praktyków wczesnego dzieciństwa. Związek między edukacją matematyczną a kulturą

- Burns, M., (2007). O nauczaniu matematyki: K-8 Burns, Marilyn, 3rd ed. Oddział Marilyn Burns Education Associates, Sausalito

- Buschang, R. E., Gregory K. W. K Chung, J. K., (2011). Badanie relacji między współpracą a matematyką i wynikami gier June, Graduate School of Education & Information Sciences, UCLA, Los Angeles: Uniwersytet Kalifornijski,

- Carlson, D, (1995). Litery o numerach i kształtach, Dziennik Biblioteki Szkolnej, v41 n5 p30-33

- Cekani, H. E., (2010). Książka nauczyciela edukacji przedszkolnej (grupy 1, 2 i 3) Tirana Instytut Socjologii

- Comber, G. & Zeiderman, H. & Dungey K., (1994). Łatwa nauka matematyki: Kluczowe umiejętności, zabawy i porady dla rodziców Touchpebbles: Teacher's Edition Clarke, P (2008)

- Ramy programowe kształcenia przeduczelnianego w Republice Kosowa (2011). Prishtina: MEST

- Deva, panie A., (2009). Partnerstwo: School-Family-Community: Książka szkolna, Prisztina

- Duncan, G. J., Chantelle, J. D., Claessens, A., Magnuson, K., Huston, A.C., Klebanov, P., Pagani, L., Feinstein, L., Engel, M., Gunn, J. B., Sexton, H., Duckworth, K. i Japel, C. (2006). School Readiness and Later Achievement: a Northwestern University, b University of Texas-Austin, c niversity of Wisconsin-Madison, d Princeton University, e Université de Montréal, Institute of Education, University of London , g Columbia University, h Center for the Analysis of Pathways from Childhood to Adulthood, University of Michigan, I Université de Québec à Montréal.

- Standardy rozwoju i uczenia się we wczesnym dzieciństwie 0-6 lat, (2011). Prishtina: MEST

- Early Childhood Educ J., (2013). CCSSM, 2012: Jednorazowe zapisanie się. Education Children for Democracy, (2005). s. 41-187-195LLC

- EYFS & PSRN (2009). Zasady w praktyce, karta 2.2. Strategie narodowe: Dzieci myślące matematycznie, 13 maj, 2014 http://childrens-mathematics.net/childrenthinkingmathematically_psrn.pdf

- ElectronicExplanatoryDictionary (2002). http://www.gjuhashqipe.com

- HPH, (1999). Tworzenie klas średnich z dziećmi w wieku 6-7 lat. Tirana

- Instytut Języka i Literatury (1980). Słownik współczesnego języka albańskiego. Tirana Academy of Sciences w Republice Albanii

-

- L. Brown, Cheryl & DeBord K. (1999). Matematyka, matematyka i jeszcze więcej matematyki: Przewodnik szkoleniowy w zakresie opieki nad dziećmi

-

- Llanaj, Sh., (2014). Woda mineralna z fiołków służy do pasteryzacji, np. z wodą deszczową, tirangą: Botart Marilyn B., (2007). O nauczaniu matematyki. A K-8 Recourse, wydanie [trzecie], 15 qershor, 2014, http://www.arvindguptatoys.com/arvindgupta/vsomaths.pdf.

- Mcniff & Whitehead, (2010). Ty i twój projekt badawczy akcji: London Routledge.

- Miller, (2002). Krytyczne myślenie do komponowania. Educational Media International, 275-284: World Wide Web do umiejętności myślenia

- Musai B., (1999). Psikologji edukimi, Tiranë: Pegi
- NAEYC&NCTM, (2002). Wspólne stanowisko Krajowego Stowarzyszenia na rzecz Kształcenia Małych Dzieci (NAEYC) i Krajowej Rady Nauczycieli

Matematyki (NCTM). Przyjęta w 2002 r. Aktualizacja w 2010 r., Matematyka wczesnego dzieciństwa: Promowanie Dobrych Początków, Tom 1, str. 1

- Krajowe Stowarzyszenie Kształcenia Małych Dzieci (NAEYC) i Krajowa Rada Nauczycieli Matematyki (NCTM), (2002). NC Presmeg (eds). Edukacja matematyczna dla czynnych zawodowo i czynnych zawodowo nauczycieli. NC Presmeg (eds). Edukacja matematyczna dla czynnych zawodowo i czynnych zawodowo nauczycieli.

- NCTM 'National Council of Teachers of Mathematics, (2000). http://www.nctm.org/
- Nkpodi, N & Mosimege, M., (2009). South African Journal of Education, Incorporating the indigenous game of morabaraba in the learning of mathematics: EASA Vol 29:377-392.

- Oxford, (2012). Advanced Learner's Dictionary - Nowe wydanie 8TH: Oxford University Press
Pietermaritzburg: Shuter & Shooter

- Portman, J. & Richardon, J., (1997). The Maths Teacher's Handbook, VSO Books: Heinemann International Literature & Textbooks

- Program dla dzieci i rodzin, "Krok po kroku" (1999). Prisztina: Kosowskie Centrum Edukacyjne http://www.kec-ks.org

- Russ, S.W. (2003). "Zabawa i kreatywność: kwestie rozwojowe": Scandinavian Journal of Educational Research, 47, 3, 291-303)

- Save the Children (2007). Prawo do rozwoju, Tirana: "Eqrem Qabej" Gjirokasër

- South African Journal of Education, (2014). Włączenie rodzimej gry morabaraba do nauki matematyki: EASA Vol 29:377-392.

- Stanberry, K., (2010). Matematyka przedszkolna dorasta: Porady dla nauczycieli_______ http://www.getreadytoread.org/early-learning-childhood-basics/early-math/preschool-math-grows-up-tips-for-teachers

- Firma Standardet e zhvillimit oferuje wodę użytkową o parametrach 0-6, (2011). Prisztinë: Masht

- Stringer, E. (2004). Badania nad działaniami w dziedzinie edukacji: Pearson Education, Inc.

- Sungmi A. K., (2003). Gry estymacyjne i rozumowanie proporcjonalne u małych dzieci, program nauczania i dialog w nauczaniu, t. 5, nr 1, 2003, s. 53-60

- Sungmi A.K., (2004). Gry z oszacowaniem i rozumowanie proporcjonalne u małych dzieci, 2004 r: International Journal of Behavioral Development, 2004,

- Shamiq, M., (2009). Si shkruhet vepra shkencore, Shkup: Logosa

- Sharma, M. C. (2001). Matematika bez suzy, Zagrzeb: Ostvarenje

- Sharp, C., (2004). Rozwijanie kreatywności małych dzieci: Czego możemy się nauczyć z badań? Wydanie 32.Jesień, 20 Qershor, 2014 http://www.nfer.ac.uk/nfer/publications/55502/55502.pdf

- Van der Stoep, F. & Louw W.J., (1981). Ukrywający się tot Didaktiese Pedagogiek. Pretoria: Academica.

- Vithal, R. (1992). Wykorzystanie gier w nauczaniu matematyki. W: M Moodley, RA Njisane & NC Presmeg (eds). Edukacja matematyczna dla czynnych zawodowo i czynnych zawodowo nauczycieli. Pietermaritzburg: Shuter & Shooter

- Shamiq, M. (2009). Jak napisać pracę naukową, Skopje: Logosa

- Sharma, M. C. (2001). Matematyka bez łez, Zagrzebiu: Realizacja

- Vula, E. (2010). Badania nad działaniami w dziedzinie edukacji, Prisztina, Uniwersytet Prisztina

- Walsh, D. (2005). Teoria rozwoju i wczesna edukacja. W N. Yelland

DODATEK:

- Pierwszy plan testów przed podjęciem działań
- Kwestionariusz dla rodziców

- Gra manipulacyjna z materiałami "Dopasowywanie punktów na numerach biedronek"
- Gra z materiałami manipulacyjnymi: "Numery z koralikami"
- Gra terenowa "skok na podstawie liczb"
- Gra logiczna: "Gwiazdy"

Pierwszy plan testów przed działaniem

Znając liczby, 2 jako grafikę i ilość

Kwestionariusz dla rodziców

Drodzy rodzice, którzy otrzymaliście kwestionariusz, jego celem jest określenie znaczenia stosowania gier w uczeniu się liczb i liczenia pojęć w matematyce. Ponadto, kwestionariusz ten pomoże mi i Państwa dzieciom w postępach w nauce w naszej klasie, szczególnie w dziedzinie matematyki. Twoje szczere odpowiedzi pomogłyby mi uzyskać wyniki podczas opracowywania mojej pracy magisterskiej.

1. Czy Twoje dziecko lubi liczyć łyżki, widelce i naczynia w czasie posiłku?
   Odpowiedz: **Tak** **Nie**
2. Czy grasz w jakąkolwiek grę z liczbami i liczeniem, które decydują o tym, w jakim stopniu?
   Odpowiedz: **Tak**
   Nie
3. Czy Twoje dziecko liczy składniki przepisu kulinarnego, na przykład, łyżki stołowe mąki, ile filiżanek mleka?
   Odpowiedz: **Tak** **Nie**
4. Czy ty, dziecko, chodząc po schodach i idąc na górę i na dół...
   Odpowiedz: **Tak** **Nie**

Jeśli masz jakąś grę, która ma związek z liczbami i liczeniem, a Twojemu dziecku się podoba, opisz ją tutaj:

Dziękuję za twój wkład!

Gra z materiałami manipulacyjnymi: "Numery z koralikami"

Gra manipulacyjna "Dopasowywanie punktów w numerach biedronek"

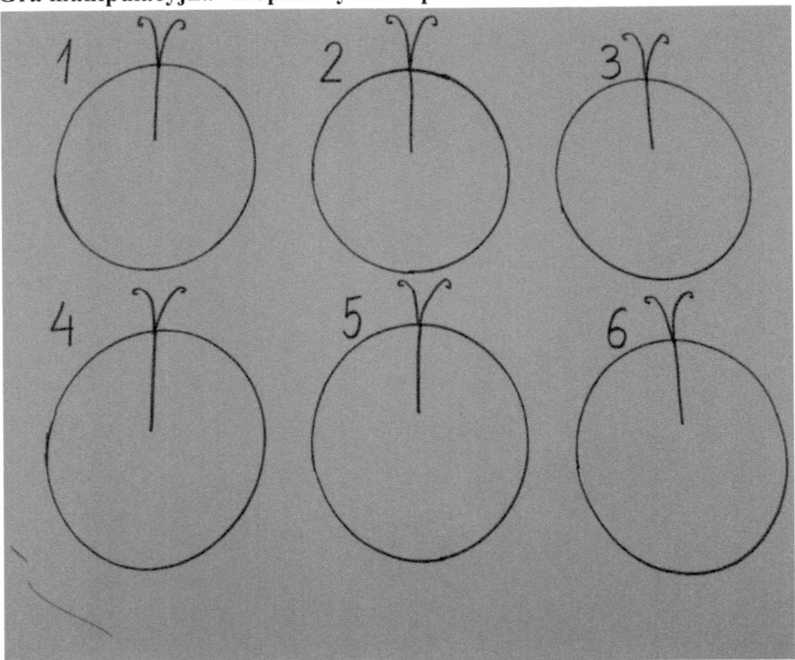

Gra na zewnątrz, "Skoki według numerów"

Gwiazdy

Imię i nazwisko____________________

Narysuj linię łączącą gwiazdy z odpowiednimi numerami

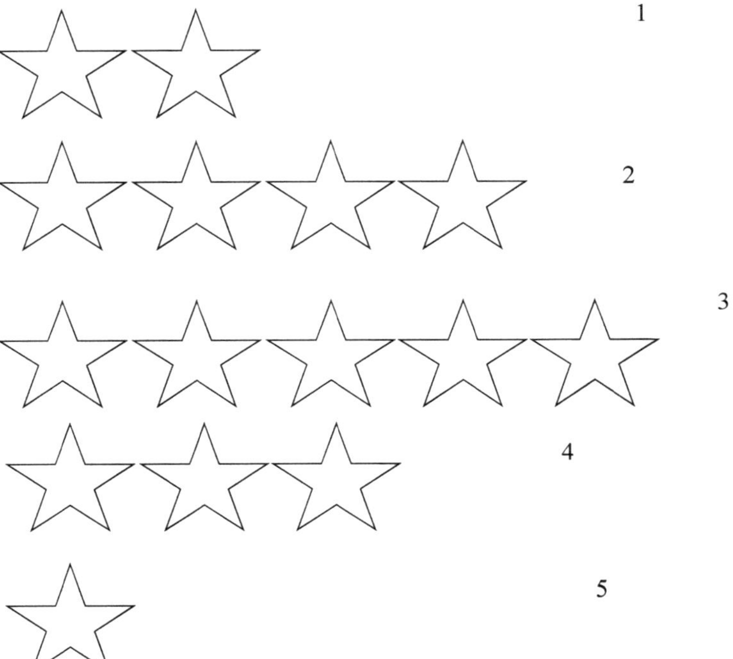

Lista liczb:

Wprowadzenie do numeru 2 jako grafika i ilość

Gra z materiałami manipulacyjnymi - "magicznymi liczbami"

Gra z materiałami manipulacyjnymi - "Liczenie i zgodność"

Gra z materiałami manipulacyjnymi - "Koraliki numeryczne"

Gra z materiałami manipulacyjnymi - "Liczenie liści"

Gra z materiałami manipulacyjnymi - "Dopasowywanie punktów na numerach biedronek"

Gra terenowa - "skok według numerów"

Gra natyrë - "Rozbicie się butelki"

Gra - "Prawidłowe połączenie gwiazd z liczbami"

Gra logiczna - "Nieprawidłowe połączenie gwiazd z numeremd".

Gra logiczna - "So-as"

Gra logiczna - "kolekcja numerów"

Podsumuj grę - "Gra z kartami"

Wprowadzenie do numeru 2 jako grafika i ilość

Gra z materiałami manipulacyjnymi - "magicznymi liczbami"

Gra z materiałami manipulacyjnymi - "Liczenie i zgodność"

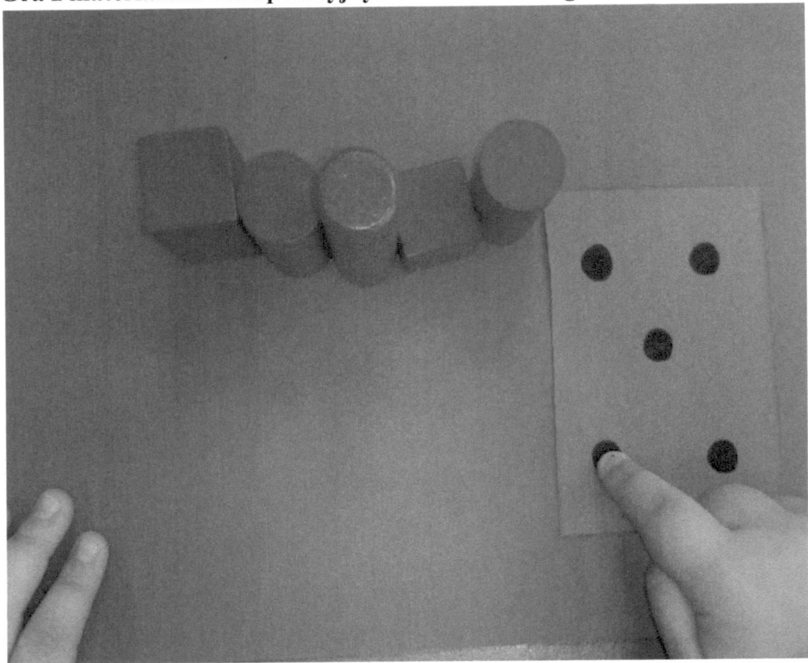

Gra z materiałami manipulacyjnymi - "Koraliki numeryczne"

Gra z materiałami manipulacyjnymi - "Ilość liści"

Gra z materiałami manipulacyjnymi - "Dopasowywanie punktów na numerach biedronek"

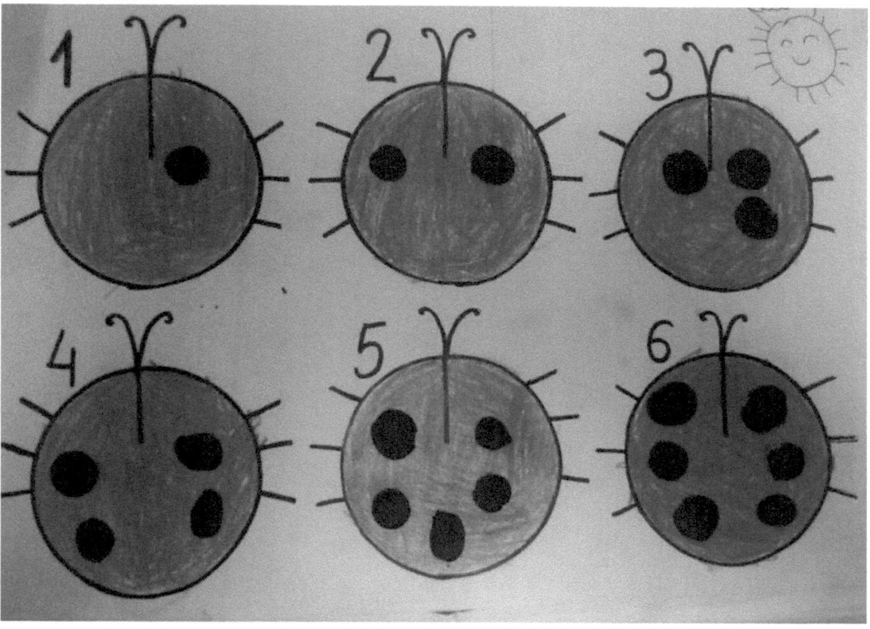

Gra terenowa - "skok według numerów"

Gra w terenie... "Butelki się rozbijają"

Gra - "Prawidłowe połączenie gwiazd z liczbami"

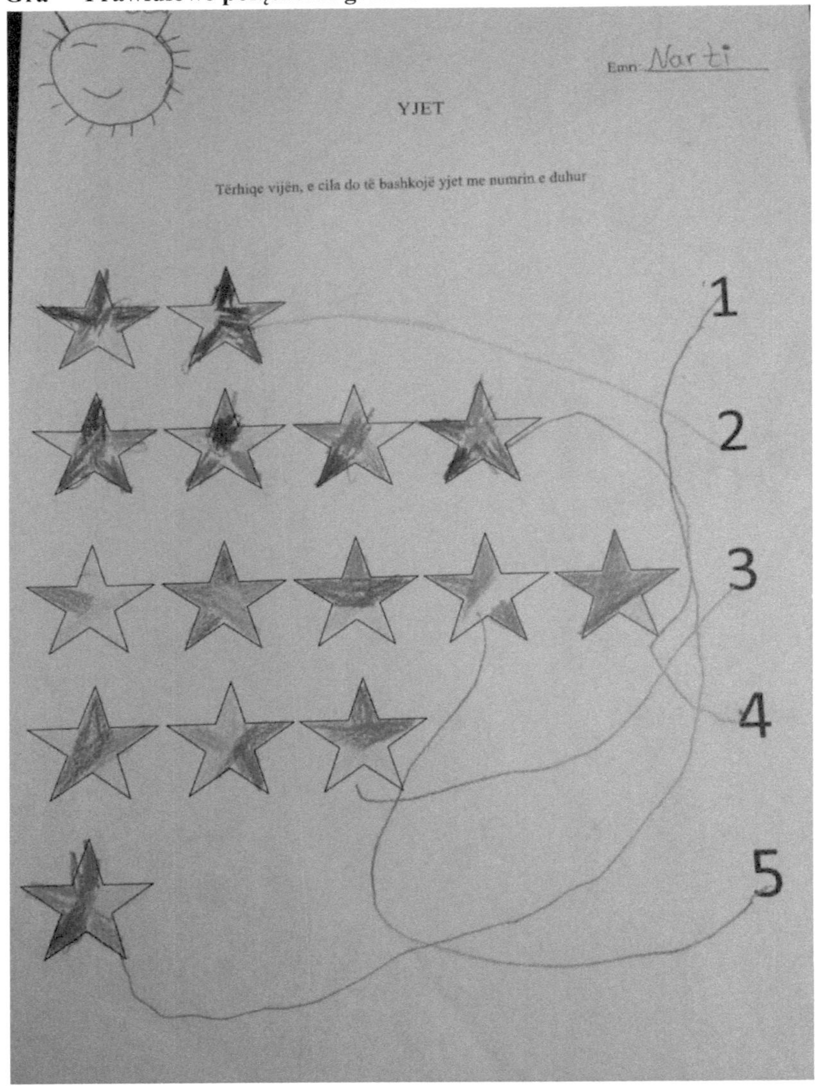

Gra - "Błędne połączenie z numerami gwiazd"

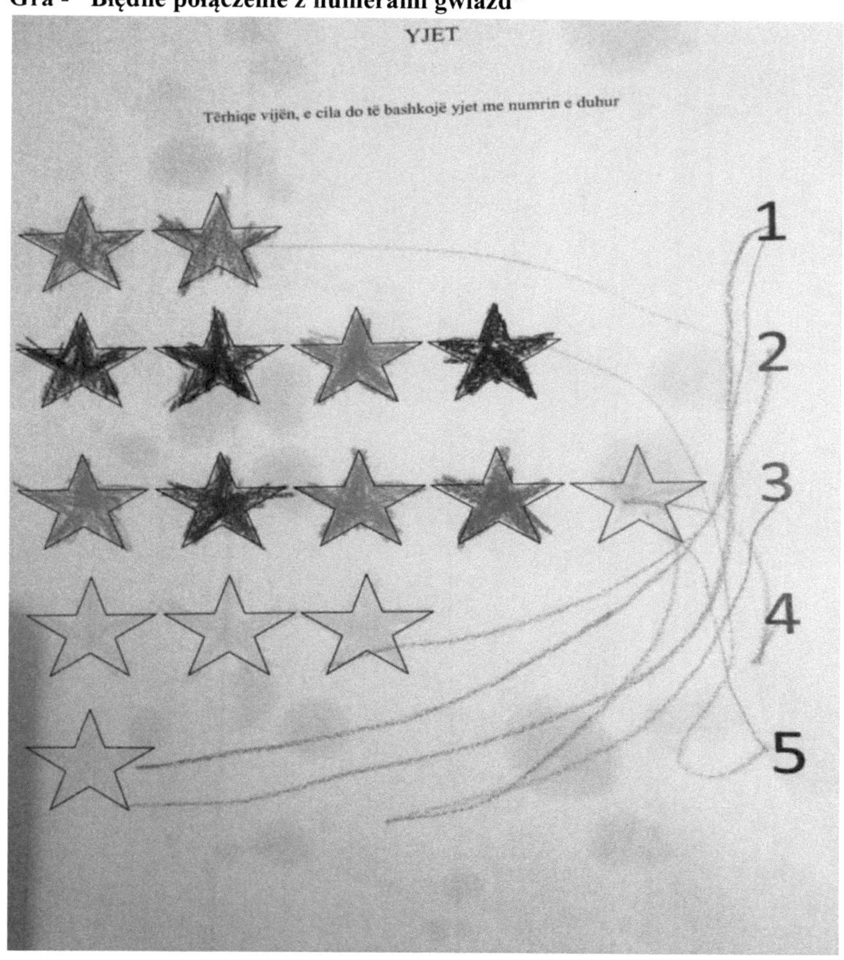

Gra logiczna - "So-as"

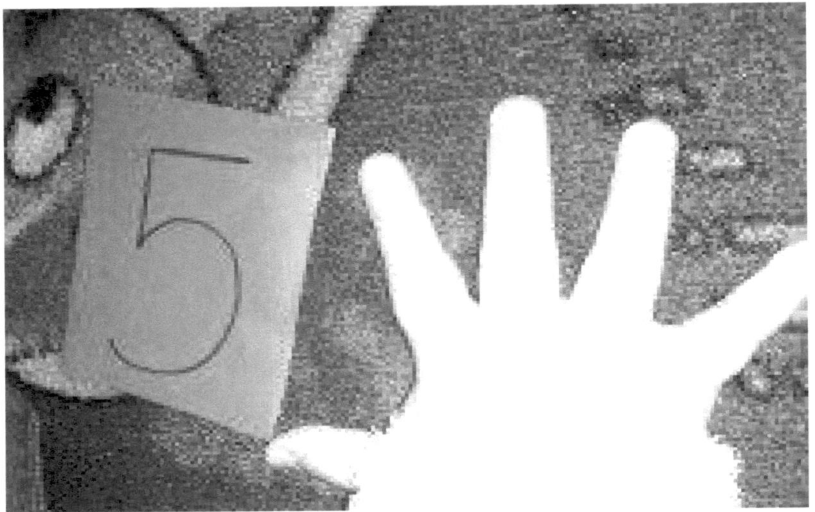

Gra logiczna - "kolekcja numerów"

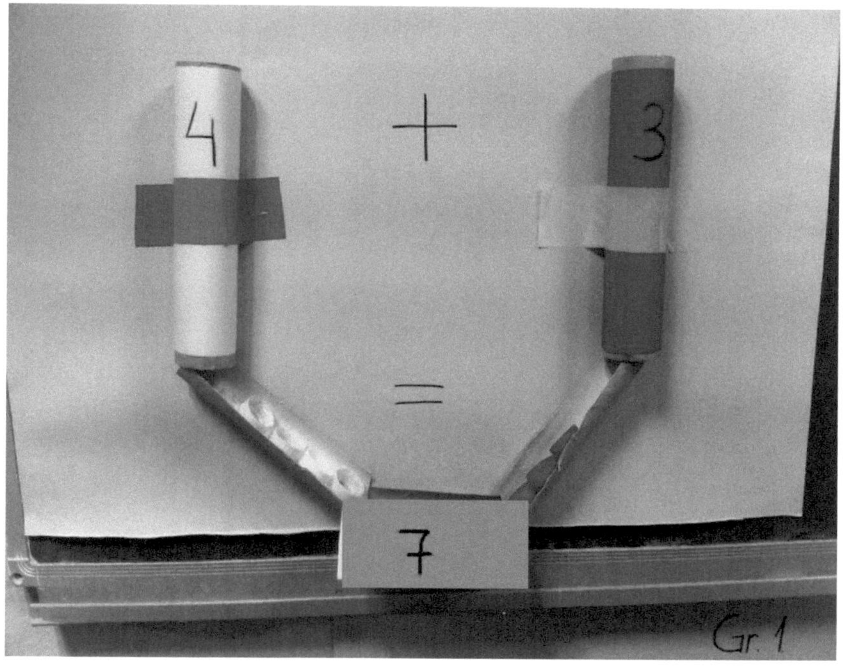

Gra liczbowa i licznikowa z pakietami papierowymi

Printed by Books on Demand GmbH, Norderstedt / Germany